U0095986

三軒屋豆腐店
三軒屋

# 手繪圖解豆腐二千年

50週年紀念

最暢銷的豆腐聖經！
從豆腐認識日本，窺探不一樣的風俗、工藝、吃法和職人魂

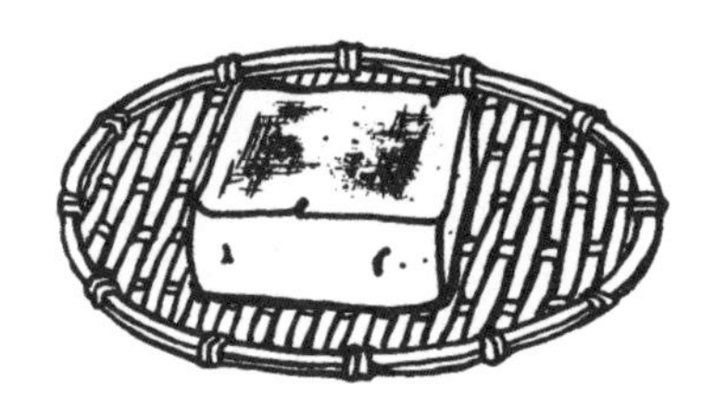

The Book of Tofu

威廉・夏利夫（William Shurtleff）＆青柳昭子（Akiko Aoyagi）── 著

徐薇唐 ── 譯

Tasting.11

# 手繪圖解豆腐二千年（50週年紀念）

## 最暢銷的豆腐聖經！從豆腐認識日本，窺探不一樣的風俗、工藝、吃法和職人魂

原文書名　The Book of Tofu
作　　者　威廉・夏利夫（William Shurtleff）&青柳昭子（Akiko Aoyagi）
翻　　譯　徐薇唐
封面設計　林淑慧
主　　編　高煜婷
總 編 輯　林許文二

出　　版　柿子文化事業有限公司
地　　址　11677 臺北市羅斯福路五段158號2樓
業務專線　（02）89314903#15
讀者專線　（02）89314903#9
傳　　真　（02）29319207
郵撥帳號　19822651 柿子文化事業有限公司
服務信箱　service@persimmonbooks.com.tw

業務行政　鄭淑娟、陳顯中

初版一刷　2005年09月
三版一刷　2024年09月
定　　價　新臺幣499元
I S B N　978-626-7408-72-8



如欲投稿或提案出版合作，請來信至：editor@persimmonbooks.com.tw
臉書搜尋 60秒看新世界

國家圖書館出版品預行編目 (CIP) 資料

手繪圖解豆腐二千年（50週年紀念）：最暢銷的豆腐聖經！從豆腐認識日本，窺探不一樣的風俗、工藝、吃法和職人魂／威廉・夏利夫（William Shurtleff）、青柳昭子著；徐薇唐譯 . -- 三版 . -- 臺北市：柿子文化事業有限公司，2024.09
　面；　公分 . --（Tasting；11）
譯自：The book of Tofu : protein source of the future--now!
ISBN 978-626-7408-72-8（平裝）
1.CST：豆腐 2.CST：豆腐食譜 3.CST：飲食風俗

439.22　　113012508

柿子官網
60秒看新世界

# 推薦

媒・體・好・評

**《紐約時報》**——喚起西方對豆腐的讚嘆！

**《華盛頓郵報》**——一部富有獨創性的作品！

**《素食時報》**——有關最不可思議食物的絕妙好書。

**《大地之母新聞》**——劃時代的鉅作……特別推薦。

## 專·文·推·薦

我愛吃、喜閱讀。移居京都後，學會了跟隨節氣過生活，也學習「品嚐」；對於食物的故事與食譜也更加熱衷。

這些年來我吃遍京都的湯葉、湯豆腐料理名店，直到讀了《手繪圖解豆腐二千年》才知道，原來這才是真正懂豆腐的老饕——「當每年秋末新收成的黃豆抵達豆腐店時，醉心豆腐之士都會和法國酒商一樣，搶先品嚐並鑑定第一批做好的豆腐。」

此書的作者威廉·夏利夫與妻子青柳昭子可說是豆腐的傳道士！他們研究黃豆並建置黃豆食品資料庫，歷時數年完成了這本豆腐巨作，把豆腐的身世、營養美味與做法寫得淋漓盡致。

書中還收錄了日本知名的豆腐百年老店，方便讀者探訪。這不只是一本妙趣橫生的豆腐指南，更讓人重新認識樸實簡單又千變萬化的豆腐。讀畢，吃豆腐的心情與滋味也截然不同了。

——**林奕岑**，京都在住作家，《Mandy 京都進行式》版主

這本「豆腐聖經」能歷久不衰，主因在於作者想把源自東方的豆腐引薦到西方世界的善念，觸發了眾多

豆腐職人「善護念」，不藏私地讓作者走進工坊觀摩、記錄實況。透過田野調查累積大量第一手資料，還在三年內實作二千五百多種豆腐美食，再搭配大量淺顯易懂的插圖呈現，讓這本書除了知識性，更具可看性和實用性。

——**柯永輝**，聯合報「說食依舊」專欄作家

從豆腐的製作流程、使用工具、原料、化學成份、衍生食品，這種千年前在中國誕生，從而成為全東亞國家民族餐桌上少不了的食材，在本書中鉅細靡遺展示了其多樣性與精髓，不但是愛吃豆腐，更是愛吃大豆類食品的讀者的絕佳參考書。

——**鞭神老師（李廼澔）**，《食之兵法：鞭神老師的料理研究》版主

具・名・推・薦

**葉怡蘭**，飲食旅遊生活作家、《Yilan 美食生活玩家》網站主人

**許心怡**，愛飯團執行長

**吳恩文**，美食作家

## 讀・者・迴・響

□我在二十多年前就讀過夏利夫先生的書，並學會了如何製作豆腐，當時在我們小鎮的超級市場裡根本沒有豆腐，所以唯一的方法就是自己做。這本書講述得非常好，每一步都有故事——他去日本的經歷，插圖都非常棒！現在的豆腐書太多了，但夏利夫先生依舊是我心中的豆腐大師！

□這書中有很多關於日本豆腐製作過程的精彩插圖和詳細文字資訊，我自己那本是一九七五年第一版的，最近再新購入一本，是為了送給我開始嘗試蔬食的朋友。

□我在許多年前就擁有這本書了，事實上，我還去見了作者。當我決定重新開始製作豆腐時，我再次買了這本書。這是一本經典，而且我覺得它可能是這方面最好的書。

□這本書作者是美國人，但書中所寫的並不是美國現行的豆腐製作方法，而是深入探討日本豆腐的製作過程，大部分都是傳統的作法，因此讀者可以了解製作豆腐的原始古法，也可以根據個人喜好和身邊的材料來模仿或創新自己的方法。這本書是追求口味純正主義者的「必備品」！

□關於豆腐的一切，這本書都是很棒、很棒的參考。對於任何想了解豆腐的人來說，這本書是必需的。希望你也能像我們一樣，享受閱讀這本書並從中受益。

□我甚至不吃豆製品，但是我非常喜歡這本書！我是在自己是素食主義者時買了這本書，當時我想過要做豆腐，但我從來沒有時間去做豆腐，儘管如此，我真的很喜歡作者分享的豆腐故事和歷史。

□毫無疑問的，這是有史以來最好的豆腐書——二十多年前，我便在圖書館發現了這本書，至今，我仍然在使用其中的豆腐自製方法。

□對於任何想要了解日本重要食物——豆腐——背景的人來說，本書內容豐富、具權威性，是真正的經典。

□關於豆腐整個歷史的好書。即便現在市面上已有許多豆腐品牌，當中資訊有點過時，但它仍然是一本很好的書。

□真是一本很酷的書。

□本書提供您所有關於豆腐的知識，豆腐的歷史、圍繞豆腐的文化，甚至豆腐的製作方法。如果你對豆腐、豆腐製作、豆腐歷史、豆腐用途，甚至豆腐副產品有興趣，一定要買這本書。

□如果你對大豆有興趣，這本書就是你的最佳選擇。我是禪學學生，作者也是禪學學生，所以你會得到真相。這本書真的太棒了，如果你能購買非基因改造的有機大豆，並運用書中分享的自製食譜（豆漿、豆腐、豆腐渣等等），您的健康將會受惠！

三軒屋豆腐店
三軒屋

## 第二章　天皇級「御豆腐」　046

おでん

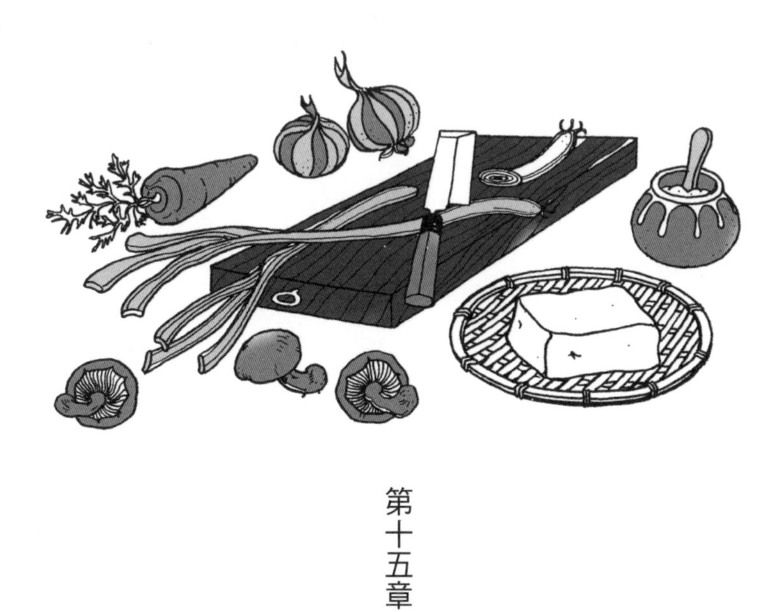

## 第十四章　豆皮　248



## 第十五章　中國、臺灣和韓國的豆腐　261

特別收錄

拜訪日本豆腐料理百年老店　285



附錄



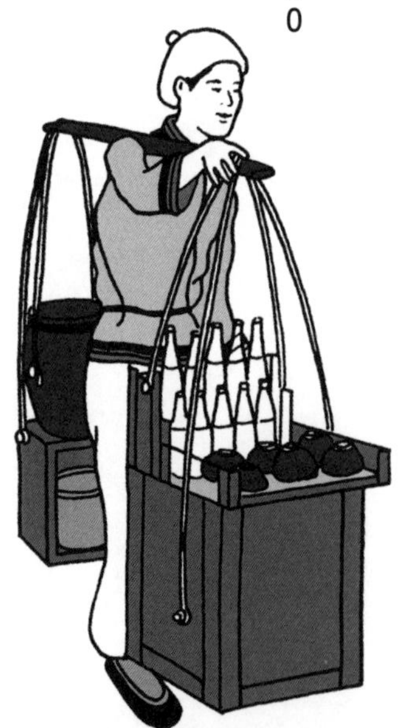

作・者・序

# 走向豆腐之路

一九六七年夏天，我有幸認識著名的「名沙婆羅禪山中心」主持——鈴木俊龍禪師。剛結束第一次日本旅遊回到美國，正學習著禪家冥想的我，在鈴木禪師如沐春風的薰陶之下，於一九六八年加入了名沙婆羅社區。這座社區位於加州大社附近的聖塔魯西亞山之間，風貌原始而自然。

身為中心內的一名廚師，我漸漸領悟到天然食品及素食的重要性，我們會在重要日子或慶典製作豆腐，一星期中也有好幾天煮食味噌湯和黃豆。一九六九年尾，我寫了一本未止式出版的書，包含一百六十七種名沙婆羅招待信眾的料理食譜，其中四樣是豆腐料理，我還打了二十五份食譜分送給朋友作為聖誕禮物。

## 邂逅

名沙婆羅是一個不受世俗打擾且美得令人屏息的淨土，能讓人很快體認到樸實的生活體驗，以及鈴木禪師傳揚到西方的禪學經驗，這是我一生中所得到最美好的禮物。

在名沙婆羅居住了兩年半，我向鈴木禪師提出想回日本修行禪學，進一步學習禪師所教導的日語、日本文化以及佛教素食的烹調技術。對於矢志將東方文化傳到西方的理想，鈴木禪師給予我高度的鼓勵，因此，我在一九七一年一月成為一個身無分文的窮學生，前往京都就讀一所日本語言學校，並寄宿在一戶日本人家中。由於當地的豆腐店距離我住的地方只有幾分鐘的路程，加上這種食物營養又便宜，所以理所當然地成為我每日飲食中的一部分。

那鴻和貝佛莉．史提司金夫婦是我在京都語言學校裡的同學，他們在一九六九年六月來到日本，在那之前，他們倆已在波士頓跟隨兩名日本長壽健康飲食家——久司道夫和久司艾芙琳一起學習兩年半之久，久司夫婦鼓勵史提司金夫婦到日本，將長壽健康飲食法和糙米的概念教導給日本人，也希望他們在日本文化還未因現代化和經濟奇蹟而被人們淡忘前，加以學習並記錄。

史提司金夫婦定居於京都，一九六九年九月家中第一個孩子出生之後不久，他們便開始在語言學校裡讀書。一九七一年，他們成立了一間小型出版社——秋天出版社，並在同年出版了第一本由那鴻所撰寫、有關日本古代神道信仰的書——《鏡像的神》。雖然我和史提司金在京都日語學校一起上課近一年，但直到注意到他們出版社的消息，且在某個晚上到他們家參加由海淪和史考特．尼爾林所主講的座談會之前，我們並沒什麼機會碰面。

## 火花

一九七一年十二月，在京都住了將近一年之後，我搬到東京，並進入一所大學繼續進修日語及日本文化，就在那時，我認識了青柳昭子，並且很快地發現我們對傳統生活和東亞藝術有著同樣的愛好。昭子是一位時裝設計師兼插畫家，她很會做菜，也知道我對豆腐相當著迷，便以七種不同的日本豆腐，為我料理許多她自己相當喜愛的豆腐佳餚。

在東京時，我與名沙婆羅的好友傑弗瑞．布羅班特及他的新婚妻子格麗卿一起住在大學附近的一間公寓樓上。傑弗瑞和我一起修讀日文讀寫的短期密集課程，我們幾乎每天都會光顧社區內的豆腐店，師傅會將豆腐放到單車上運送至各地，並且按單車鈴告知他的到來。很快地，格麗卿對豆腐產生了興趣，開始拜訪社區內的豆腐店以研究豆腐的製作方法，並同時與我分享她的發現與對豆腐的狂熱。學期末時，格麗卿為昭子姊姊的婚禮製作了一個令人難忘的結婚蛋糕——好幾層不含奶油且鋪滿豆腐糖霜的天然蛋糕。

一九七二年十月二十二日，我和昭子造訪了東京附近的一家豆腐店，這是我們第一次親身觀摩傳統的豆腐製造過程。感動之餘，我們決定要寫一本關於豆腐的小手冊。但有誰會出版這本小冊子呢？十二月二十二日，我們接到傑弗瑞及格麗卿的來電，他們剛與住在東京南部葉山的那鴻與貝佛莉聚會，傑弗瑞提到那鴻愈來愈投入他的出版事業。這下子倒是提醒了我，我跟傑弗瑞要了那鴻的電話號碼，便立刻撥給一年多不見的那鴻，詢問他秋天出版社是否有興趣出版有關豆腐的小手冊。

「我想這是一個很好的構想！」那鴻的答覆讓我驚訝得說不出話來！此外，他還邀請我在一月十三日到葉山和他進一步討論，於是我帶了手寫的目錄和一小段文章給他看。顯而易見的，我們四人對豆腐有著共同的看法，認為它將是未來重要的蛋白質來源。這實在是太令人興奮了！我們相信西方國家已經可以接受有關豆腐的書籍。

更令人意外的是，當晚我和昭子離去時拿著一份簽好的合約書——原本計畫的小手冊竟變成一本書，而我們四人也成了一個工作團隊。

大約兩個月後的一個晚上，一名自稱是豆腐美食家的朋友兼禪學同修西村先生，介紹我們到一家世界知名的高級豆腐料理餐廳——笹乃雪（見第285頁）。笹乃雪豆腐料理創始於一七〇三年，是日本最古老也最著名的豆腐餐廳。它的晚餐有十二道菜，每一道菜都以藝術品的方式呈現且各具特色；毫無疑問的，這是我們品嚐過最好吃的豆腐料理！後來，我們還被邀請到廚房裡觀摩每道料理的烹調方法！

## 尋與訪

我們開始認真地探索豆腐料理的奧妙，每天早上步行到附近的豆腐店（全日本約有三萬八千家），購買每日所需的豆腐，這些豆腐都是當天做的。老實說，我從沒想過豆腐竟然能變化出這麼多不同種類的花樣和口感，而且還可以與不同的食材及調味料搭配。這其實意味著，善用豆腐這種低卡路里的食物，就可以為我們的飲食增添更多的蛋白質，而且口味變化是如此豐富、價格是如此便宜。

最初的食譜都以日式為主，我們開始探訪日本各處的豆腐餐廳，在高雅樸質的環境下享受變化多端的豆腐佳餚：在秋色繽紛的花園旁、在伴隨著蟬鳴交響樂的池畔，或是在一座清靜的寺廟裡，俯瞰那把白沙梳理成浪潮旋渦的庭園。我們儘可能與各餐廳的大廚見面，在他們身旁觀摩並做筆記，並在名人示範製作方法時全神貫注學習，回去後照著食譜試做，有時需要反覆不停地嘗試——直到結果令我們滿意為止。之後，我們大膽地將豆腐實驗於西式料理上，昭子創造出以豆腐製成的美味蘸醬、泥醬、蛋料理、砂鍋煲、沙拉、湯、BBQ豆腐及炸豆腐漢堡。

隨著對豆腐的興趣日益深厚，某天，我們開口向社區內三軒屋豆腐店的師傅新井先生請求，希望能到他的店裡進一步學習豆腐的製作方法。新井先生工作時的機敏和細心讓我們印象深刻，他的動作精確而優雅，融合著一種毫不費力的節奏，有時更是流暢如舞蹈。

新井先生是一位真正的職人，對傳統、天然手工和精湛的工藝精神十分推崇。他的工房緊鄰著住所，小巧卻引人注目；他堅持只用天然材料來製作放在櫥窗販售以及在整個社區裡兜售的豆腐。如同傳統的鑄劍師傅或陶藝大師，新井先生的日常生活就是一種實踐、內在修行，或者是日本人所謂的「道」；很顯然地，新井先生的工作本身就是一種自我實現和回報。

我不斷地回訪觀察新井先生的工作情況，最後，我還請求他收我為助手和學徒。一年多後，他開始循序漸進地教我傳統日式豆腐的製作技巧。新井先生要求我們記錄下他的方法理論，以及可能的話，也留下蘊含在傳統豆腐製作方法中的精神，給那些找尋有意義工作的西方人士和下一代的日本孩子——他們將來可能會想重新追尋因科技和西化而失傳的工藝精神。

在見習期間，我和昭子在他的鼓勵之下遍遊日本，盡我們所能地尋訪所有的傳統豆腐師傅。為此，我們趁著天暖的月份揹起行囊及所需的用具，從北到南，跑遍全日本做研究。有許多夜晚，我們都是在寺院裡度過的，我們見了許多位禪師，也與他們的學生一起禪修。在無數個天空仍布滿星星的清晨，我和昭子結束了與豆腐師傅一起做豆腐的工作，踏出豆腐店，此時，日本小鎮或城市的街道都還在熟睡中呢。

傳統豆腐師傅常向我們提起，往昔日本各地的農家美味豆腐令人十分懷念和讚嘆，為了尋找這種傳奇豆腐及其製作祕方，我們在某個春天背起行囊前往日本最偏僻的地區。從深山鄉野中的婆婆那裡，我們學到了傳統的技術，驚奇的是，那些婆婆是榕樹精舍（Banyan Ashram）的成員。榕樹精舍位於諏訪之瀨島，是一個務農及禪學的修行社區，婆婆們還教會我們連專業師傅都不會的簡易豆腐製作方法。

在進行研究工作的過程中，一些簡明的道理拓寬了我們對豆腐的看法，許多營養學家、生態學家和研究世界糧食及人口問題之專家的撰文中都提到：以肉食為中心的飲食習慣，並無法充分使用地球供應人類蛋白質的資源，西方國家因而開始急切地學習，如何將黃豆變成便宜的優質蛋白質來源——這正是東亞國家人民行之千年的做法。

現在全球的人口壓力問題十分嚴重，而豆腐是把黃豆轉換成美味食物的最重要、最受歡迎的方法，可惜的是，即便把位於印度、非洲、南美洲、俄羅斯、加拿大、歐洲和美洲的豆腐店全部都加總起來，也不及東京、臺北、漢城（即首爾）或北京每一．五平方公里內的豆腐店多！

然而，我們也體會到，經營一間豆腐店只需要極少的能源、技術和資金，這可以成為分散式家庭工業或小型工業的理想模式——不論在開發中國家或已開發國家都可以適用。有了這樣的想法之後，我們開始研究結合傳統及現代製作豆腐技術的日本和臺灣豆腐店，這些豆腐店以最低的成本大量製作優質的豆腐；我們也拜訪了日本最大和最現代化的豆腐工廠，仔細研究工廠的生產作業方式。

傳統豆腐師傅之間有一句經典格言：「有兩件事情絕對不能讓別人看，那就是魚水之歡和做豆腐！」然而，讓我們不斷感到驚訝的是，即使有些師傅一開始會顯得有些猶豫，但他們最終都打開了他們的心扉和家門，誠心邀請我們入內觀摩其工作實況，這些全都成為我們日後研究工作的靈感來源。

我們一次又一次地帶著新問題回到我們最愛的豆腐店，每一回都會多了解一些之前未注意到或不了解的事物；師傅們察覺到我們對推廣東方豆腐工藝到西方的熱誠，甚至向我們透露不少他們從未打算告訴自己同胞的祕訣。我們唯一的希望，就是努力完成這本書，以不辜負他們的好意，也不辜負他們為了讓我們能夠完全理解所付出的耐心。

# 師豆腐

從每日埋首於研究工作、寫作、插畫和靜心的過程中，一種節奏漸漸形成，同時豐富了本書的內容。三年多的時間裡，我們料理了二千五百多種以豆腐做成的美食，並且十分沉浸其中，每道食譜都只使用天然食材，並且完全不使用肉類。在我們的研究工作接近尾聲時，我和昭子領悟到，或許我們最棒的老師是豆腐本身！就像水在天地之間流轉，滋養著眾生，豆腐也喜悅地臣服於無窮盡的變化遊戲中——用竹籤串起豆腐，就能置於炭火上炙烤得滋滋作響；將豆腐放入沸騰冒泡的陶鍋中，便可與蘑菇成為料理絕妙拍檔；把豆腐放入滾燙的油鍋中，它就會穿上金黃色外衣，酥脆又誘人；把豆腐置於山頂的皚皚雪地裡凍上一晚，所形成的霜會讓它閃閃發光並改頭換面……這一切在在顯示出，豆腐彷彿知道：死亡並不是真正的終結、不需要執著於固定或某一個自我、沒有比當下更適合的歸處。

豆腐可謂真正的民主主義者，對貧富一視同仁：做為最精緻的高級料理放在東亞的貴族面前，豆腐既謙卑也不矯飾；做為鄉野農舍間的農家餐點時，豆腐依然固我做自己。做為一種不可缺乏的食材，豆腐堅持自身的簡單樸質，能融洽地與任何食材搭配，人們也從未對它感到厭倦，因此，我們希望能藉由對豆腐的描繪與細考，將豆腐最好的一面呈獻給世人。

自很久很久以前起，東亞的人們就經常利用詩詞及諺語讚頌豆腐。被譽為「田中之肉」和「無骨之肉」的豆腐，供應人們充裕的營養，並在給予及奉獻自我之中，猶如在一首美妙的舞曲中找到完美平衡。

在不久的將來，豆腐可能會成為人們主要的營養來源，為了創造這樣的未來，我們期許能把豆腐介紹到世界的每個角落。

前・言

# 世界級人氣食材——豆腐

豆腐，是一種傳統的天然食品，至直今日，它的製作方法幾乎跟一千多年前一樣。

## 蛋白質豐富低卡路里

就營養的角度來說，各式各樣的豆腐（日本有七種，中國則有更多）對東亞人而言，就像乳製品、雞蛋和肉類對西方人一樣重要。如果是以人體的角度來看的話，豆腐中的蛋白質和雞肉所含的蛋白質其實幾乎是一樣的。

豆腐的原料是黃豆，而黃豆是唯一含有完全蛋白質的豆莢科植物。完全蛋白質含有人類所需的全部八種必需胺基酸，此外，豆腐中的胺基酸分析與多數動物蛋白質非常相似（包括酪蛋白）。

豆腐也是一種理想的減重食品：一份二百四十克的豆腐餐只有一百四十七大卡的熱量，等重的雞蛋卡路里比豆腐餐高出三倍，而等重的牛肉更有四至五倍的卡路里。最重要的是，豆腐是所有植物食品中卡路里與蛋白質的比值最低的，僅次於綠豆芽和黃豆芽。

## 自然純淨少負擔

雖然去除了黃豆粗纖維，但是整塊豆腐都是由簡單天然的材料製成，它通常是在豆漿中加入天然鹽鹵或硫酸鈣凝固而成。鹽鹵又被稱為鹵水，是海水萃取出海鹽後所留下的一種含有豐富礦物質的母液；至於硫酸鈣，現在使用的通常是硫酸鈣結晶體，古老的方法則是從磨碎且微烤過的石膏中提煉而出，東亞的山區正存在有大量的這種石膏。

## 價格便宜CP值高

豆腐的價格不貴，它真的是一種無分貴賤的食物，世界各地的人們都能享用，尤其適合那些特別需要營養的人。

除此之外，你也可以自己在家製作各種豆腐，而且只需要具備一般的廚房用具和材料就行，就像新鮮出爐的烤麵包一樣，自製豆腐的風味更濃厚、更美味，是店售豆腐所無法相比的。自製豆腐只需一小時左右的時間，成本更是只有零售價的三分之一。

## 每天煮也能不重複

大部分的豆腐，都無需再烹調就可以直接食用！我們發現，許多我們所喜愛的豆腐料理都非常簡單，有些甚至不用一分鐘就可以準備好，對趕時間和喜歡即食料理的人來說，這無疑是個吃豆腐的好理由。至於豆腐在料理上的最大優點，在於它能成為各種菜色中的食材，並且可以與各國風俗料理完美融合。沒有一種食材能像豆腐這樣擁有不同的種類、質地及風味，並且每一種都具實驗性、獨創性及新意。我們一次又一次地發現，只要在簡單的菜餚中加入豆腐，便能轉化出一道全新的菜色；豆腐可以是搶眼的主角，也可以是重要的配角。

就如啜飲清洌的山泉水或吸吮秋天的涼空氣，單純的滋味往往最令人神往，而豆腐的簡單滋味卻是無窮盡的，因其變化豐富的形式讓我們可以日復一日的享受，為我們的日常餐食增添醇厚度和濃郁感，同時還提供優質蛋白質。

PART 1

# 豆腐歲月

好豆好水老傳統，
無我忘我好豆腐；
紅葉悄然落，
丹色入雪白。

CHAPTER 1

# 做豆腐是一種生命的實踐

傳統的日本社會將工匠的日常工作視為一種修行，目的是為了在藝術完美性上尋求自我實現、解放與內在覺醒的表現。就如水墨畫家達到全然忘我的境界時，他便進入與竹子融合為一體的存在狀態，讓竹子毫不費力地將自己描繪下來。又例如，當射手不再左右箭從弓上被釋放並飛向它的真實目標——靶心時，代表他接近了掌握這項技術的精髓（註：指射手在鬆手放箭的過程中未受意念、情緒或其他干擾因素的影響，箭飛出並命中靶心自然到彷彿箭自己知道該往何處飛行那般）。鑄劍師傅、陶藝家、書法家、武術家和其他師傅也是如此——包括豆腐師傅在內。

日本所有傳統修行（即所謂的技藝）都稱為「道」，如茶道、花道、佛道或禪道。更廣泛地來談，漢字的「道」也有道家之「道」意思，指的是宇宙間天體運行的常規、難以言喻的「聖言」（Logos）。因此，雖然每種道各有自己獨特的外在形式，但基本原則卻是一致的，並且藉由一種共通的精神賦予其生命，那就是——「實踐」的精神。

# 豆腐之道

實踐是將工作轉變成藝術的過程，當一個人致力於實踐而不在乎結果（命中靶心或描繪竹子），而是專注於當下的忘我實現時，便可以將至上之美本身展現出來。

對豆腐師傅而言，實踐是活生生的現實，為其每日的工作帶來活力以及一般人難以領悟的深遠意義。能夠觀察大師的工作，是非常難得及美好的經驗，雖然他大部分的動作都是世俗且平凡的，但他每個姿態皆發自深奧寧靜的專注內心；優美精簡的動作彷彿是一支行雲流水的舞蹈，蘊含了韻律感、敏捷性及精準度——這全來自他長年專注的練習，以及為追求卓越而不屈不撓的努力。「眼觀四面，耳聽八方」的感知能力，讓大師能完全專注於一件事物上，同時又能留意到周圍所有發生的事物。

以實踐精神投入工作，這件事本身就是一種實現與收獲。真正的工匠會時時刻刻觸及現實並賦予其生命，透過實踐，他在每一個當下歷經死亡又重生——為了忘我奉獻而不斷重生。當一個工匠學會用他全部的身體及精神投入工作，時間就成了不間斷地「活在當下」，此時，重複的事物不再是重複的事物，而是不斷地新生。在直接與活生生的現實接觸後，所有額外的事物便彷彿不存在了。

全神貫注於工作時，工匠等於是捨棄了自我，他浸淫在一種無法被聲音打破的寧靜當中，並在工作的最核心之處找到自己的歸屬，而這份工作則毫無束縛地透過工匠流進了這個世界，探索自己的道路。在匆忙的世界中，時間對他已不再重要，他既不趕時間，也不浪費他珍貴的每一刻，經由持續且勤奮的實踐，他所企求的神祕經驗及內在和諧會向他展現。就像汪洋中的一條魚或天空中的一隻鳥那般，他抵達一方清澈、無邊之地，並在此找到謙卑。於是，人們見證一名優秀的豆腐大師在這世上誕生。

## 一名豆腐師傅的養成

在傳統的日本社會中，當一個年輕人決定從事某種手藝時，他必須先成為某師傅的門徒，從學徒開始做起。如果這個年輕人是來自豆腐家族，師父通常就是自己的父親，而他最後會繼承家業；如果這個年輕人膽子夠大並決定自己獨立開業，則通常得由一名具有影響力的人把他大力推薦給某位豆腐師傅。然而，不論是哪種情況，他跟師父的關係注定會是一段難熬的歷程：

在日本，無論藝術、工藝或宗教戒律方面的師父，其表現親和力及慈悲的方式，乍看之下都是嚴厲、突然且令人意想不到的。有個故事是這樣的，一個男孩向一位劍客拜師學藝，但卻被吩咐整天砍柴、挑水、搗米，而且只要一有機會，這位老劍客就會狡猾地出現在他身後，用掃帚、鍋蓋或一根木柴修理他。剛開始男孩一直沒有防備，每晚休息時，身上都是淤青，心情也很沮喪，但很快地，他逐漸培養出一種眼觀四處、耳聽八方的警覺性，以及如貓般的敏捷性，這兩種能力就這樣滲透進他的行動中，並且愈來愈深刻，直到他師父再也碰不到他。當了五年的雜務學徒後，老劍客終於給了男孩一把劍，並教他如何握劍——但其實男孩早就已經在學習吸收這名良師的劍道精神了。

### 日日精進

學徒在他師父面前就像塵土那般渺小，因此他學會謙卑。藉由要求完全且不質疑的服從、謙遜及捨己從人，師父強迫門徒放棄了自我——所有想法及行為上的舊習——以領悟無我的境界。藉由一次次要求門徒不期望回報的付出自己，老師協助他了解到：只有一個完美的僕人，才能在最後成為一位完美的大師，而這正是任何藝術、手藝及職業必備的底子及基本精神。這種特殊形式、技巧或方法論的教誨，若沒有傳給學徒盡數吸收，那麼這位學徒很可能就得與師父一直耗下去——這種情況在豆腐店裡很常見。

## 學成出師

當學徒的技術與理解力逐漸養成，他便提升到「技士」和「工匠」的階段，最後成為一名大師。然而，這個過程非常緩慢，一般來說，學徒期至少是八年，因為沒有一個真正的大師會願意為他尚不滿意的學徒認證。當然，在這個過程中，師父也會因為這個堅強、半熟練的幫手而受惠，而他只需要支付微薄的薪水。師父不會輕易傳授自己辛苦習得的絕活祕技，他會要求年輕學徒刷洗鍋子、打掃店舖並沿街叫賣豆腐，但只分給學徒十分之一的叫賣收入。許多學徒會用剩下的豆腐渣製作一些食品來賣，好賺取一些零用錢。

雖然學徒們從來沒有親身體驗和接受技術指導（尤其是師父的祕技），但他們會逐漸學會基本功夫：用勺子舀東西或抬東西時，雙腳的位置、能保存體力的身體重心，以及運用身體天生的氣力配合自然的節奏，讓每個動作自在無拘束。他們學習「商店生態學」：尊重每一滴親手打上來的珍貴井水、每一段親手砍的木柴，以及每顆黃豆，最重要的是回收利用的原則——用過的炸油加上飄落的灰燼，便可混合成消泡劑；或是每天早晨結束之際，用來製作烤豆腐而燃燒的炭火，最後還可以拿來暖和屋子。

## 開業或繼承

當門徒終於獲得師父的認可，成為技術完備的師傅時，通常會在店裡多工作一年，以表達他對所得訓練的感激。如果他計畫自己開店，而不是繼承師父的店，那麼他將會得到師父最珍貴的禮物——師父世系的名字。他會用粗體字把這個名字印在門上、上衣的翻領上、圍裙上與某些工具上，比方說，我的師父是「三軒屋」的名系，大約始於兩百年前，目前在東京約有三十家左右，這些店大都以「傳統手工製作豆腐」為傲，豆腐師傅們每個月都會因公因私而碰面；又如「笹乃雪」的名系，兩百七十年來都保留在一間店裡——每位師父都只傳給一位學徒來繼承他的事業。

## 平衡與中庸

傳統的豆腐師傅並非真正的生意人，他非常重視自己的工作，以及豆腐的品質。雖然賣豆腐能帶來足夠的收入，但賺錢絕非各行師傅踏實工作主要的目標——豆腐師傅也一樣。豆腐師傅大多在簡單、整齊且潔淨的店裡工作，他的工具各有特性及魅力，他尊敬它們、照顧它們並跟它們做朋友，而它們也幫助他。工作是身體在空間裡的活動、水在手與手臂上的感覺、木頭燻煙的香氣滑過鼻尖，以及抬舉、研磨和擠壓的體力活。工作本有的豐富性就是生命本身，透過工作，師傅精神可以透過許多不同形式具體呈現，而師傅所做豆腐的品質，就是他深厚理解力及實踐力的最佳證明。

日本的豆腐師傅每年都會舉行全市、全省到全國性的豆腐製作比賽，大師級的師傅在短短幾天中聚在一起，由退休的豆腐大師當評審，根據切豆腐的速度及準確性、研磨豆汁的滑順度、製作膨脹得很開的油豆泡的能力，以及最重要的——製作最佳風味、口感、香味及美觀豆腐的能力，來論斷評等。

豆腐師傅專注在一個不斷變化的過程中，而這個過程的中心原則是「平衡」。他必須不斷在兩個極端中找尋最佳的中庸之道：不可以將黃豆浸泡太久或太短、不能將豆汁榨得太濃或太稀、火不可以太大或太小、豆汁不能煮太久或不夠、鹽鹵不可加太多或太少……為了找尋完美的平衡點，豆腐師傅需要持續的注意力、纖細的觀察力和豐富的經驗。此外，這個平衡點還會因天氣、溫度、黃豆種類及新鮮度、鹽鹵濃度、特定季節或日子所要求的豆腐風味及口感而不停變化。

有二十年以上經驗的優秀豆腐師傅認為，在他們每個禮拜所製作的二十五到三十批豆腐中，通常只有一到二批是他們完全滿意的——這不僅顯示他們崇高的個人標準，也顯示這個過程本身的深奧及精妙。

## 日日年年的節奏

對日本街坊豆腐店的師傅與他的太太而言，在清晨起床是固有的傳統，那時除了豆腐店的燈光外，整條街通常都是暗的。雖然多數豆腐師傅是在五、六點展開工作的，但那些大量製作豆腐的師傅，以及使用鐵鍋和費時傳統方法製作豆腐的師傅，可能凌晨兩、三點就得開始工作了。在臺灣和中國，豆腐店大多是前一天晚上十點就開始工作，一直忙到隔日早上。

### 清晨做豆腐

清晨起床後，豆腐師傅就開始用鐵鍋燒熱水，準備製作第一批豆腐。

他會先將水槽裝滿冷水，接著沖洗工具，然後連續製作至少三批豆腐，其中一種是可以用來製作油豆腐塊、烤豆腐及日式豆腐餅的普通豆腐，一種是由濃豆漿所製成的絹豆腐，還有一種由稀豆漿所製成的油豆腐泡。當第一批豆腐製作完成後，會立刻放入水槽中冷卻，而剛做完家事的妻子會在此時加入工作行列，她必須將這些新鮮的豆腐切塊並擠壓以便油炸，然後將昨天剩下的豆腐收集起來，擠壓製作成日式豆腐餅。在這樣一個空間狹窄的小店裡，熟練的豆腐師傅及其妻子已日益培養出一種雙人舞般的協調律動，以及一種合作無間的親密感，還有對彼此工作方式的熟習敏銳性。

大約七、八點時，鄰近街坊的家庭主婦就會開始出來買味噌湯用的新鮮豆腐。

由於市場不會那麼早營業，所以許多豆腐店也兼賣味噌、蛋、海菜、香菇和其他早餐必備的食物，一方面可以更好地服務客人，一方面也能貼補收入。

在這段時間，豆腐師傅會將新鮮做好的豆腐切成一塊塊平均約三百六十克重的豆腐塊，並在晨間送達當地的市場、餐廳、醫院或學校食堂，偶爾，他也會接到會議或大型聚會的額外訂單。回到店裡後，如果當天需要多做一點豆腐，他就會繼續工作。

師傅的妻子通常負責油炸的工作，因此，當丈夫清洗完所有製作豆腐的工具並打掃完店裡時，她通常仍然需要繼續工作。她會在豆腐店的櫥窗前等客人上門，直到晨間工作結束之後，才會放鬆地和丈夫一同享用早餐。

早晨的豆腐店。

## 下午外賣

大約下午三點鐘左右，豆腐師傅會出門外賣豆腐。他小心翼翼的將豆腐浸泡於冷水中，放在腳踏車或摩托車後一個木製的特殊送貨箱裡（見第57頁），然後穿梭在街坊巷道上，當家庭主婦們聽到喇叭般的號角聲，就會帶著容器出來，從五、六種豆腐中選購她們要的豆腐。

## 夜晚的準備

到了下午或晚上，根據不同的季節及氣溫，豆腐師傅會開始清洗並浸泡隔天要用的黃豆；一般豆腐店一天通常會用到三十公斤的黃豆。在決定明天需要製作多少豆腐之前，豆腐師傅必須先預測天氣：如果會下雨，家庭主婦就比較不會出門購物，銷量便可能減少；如果是個酷暑大熱天，人們可能會比較想吃冷豆腐；如果是寒冬，人們大都會想圍在火爐前，品嚐湯豆腐或其他鍋料理。除此之外，豆腐師傅還必須考慮隔天是星期幾（週末人們比較有時間準備較費功的精緻料理，其中通常都會用到豆腐）、是否是什麼特殊日子或月份等（發薪日後，豆腐銷售額通常會立刻上升，而每年豆腐的銷售高峰都在最熱的六月）。

豆腐店生意最忙的時間通常是晚上，多數的店都會營業到晚餐過後幾小時，或是直到豆腐售罄。豆腐師傅會和妻子輪流等客人上門——一般人家通常很早就就寢了。

許多豆腐師傅會在一星期中選一天休息，並在休息的前一天或隔天，比平常更仔細的打掃刷洗店鋪，所有的木箱及桶子都會放在太陽下晾乾，黃銅桶環及鐵鍋邊會刷洗到發亮。木桶及木箱會疊放在鐵鍋上方，這一樣來，夜晚就能繼續晾乾。長久以來，日本豆腐店一直對整潔有著非常高的標準；近年來，厚生省（註：現稱「厚生勞動省」）甚至會定期進行視查，以協助豆腐店保持潔淨。

## 四時的豆腐

對豆腐師傅而言，一年就像一天一樣，有著固定的節奏。

一月和二月很適合製作豆腐，因為冰冷的水有助於豆腐長時間保鮮，豆腐店裡的空氣清新而不寒冷——因為鐵鍋及油鍋下的火能讓屋子暖和，豆腐店窗戶蒙上了一層熱氣，店內自成一個舒適的小世界。當春天來臨，店家便開始準備絲綢般光滑的絹豆腐；三月中正是學校畢業時節，豆腐師傅會從早到晚忙著製作豆皮壽司用的油豆腐泡，因為畢業野餐的午餐盒中包著米飯的小壽司袋非常受歡迎。當夏天逐漸來臨，豆腐師傅會比平時更早，在黎明前空氣還涼爽時便開始工作，並且隨著豆腐的需求量提高，工作時間也會變長；與此同時，在這氣溫偏高的暖和月份裡，也需要更小心保持豆腐的新鮮度並維持豆腐店的清潔。

九月時風清氣爽，日本人迎來他們最喜愛的秋季，當夜晚開始變冷，許多家庭開始製作鍋料理，烤豆腐便取代了絹豆腐——餐廳、酒吧及小攤販則會訂購不同種類的豆腐來製作關東煮，一般家庭也會用烤豆腐烹製令人感到溫暖又滿足的壽喜燒及其他料理。在日本某些地方，豆腐師傅會在九月舉行公開祭典，向為豆腐店提供豐沛潔淨冷水的水神致敬，他們的遊行會從當地神社開始，彎彎曲曲地通過市區，然後在一家晚上舉行聚會的溫暖小酒館前結束（據說日本第一個豆腐社團就源自於早期的這些集會）。

秋末新收成的黃豆能使豆腐具有甜味、柔軟感及香味，吸引客人湧入豆腐店，店家也會多販賣一些在冷空氣中能保存得很好的豆腐渣。接近新年時，烤豆腐的需求量會達到頂峰，尤其是在除夕前的兩、三天，豆腐師傅從清晨到夜晚都得忙著烤豆腐，供應人們準備傳統新年料理使用（一直到戰後，豆腐師傅依然會製作許多種新年及其他節慶時食用的特殊豆腐菜餚）。除夕當晚，日本所有的豆腐店就會開始放假，豆腐師傅和家人會休息至少三天（最多七天），來慶祝一年當中最重要的節日。同世系的大師們，通常會趁假期辦個大宴會相聚一下。即便如此，仍然很少有真正的大師會對假期的結束感到不開心，因為他們又可以回到自己的工作和實踐之中，而我們家裡的餐桌上又將有新鮮豆腐可以享用！

## 傳統店鋪二三事

傳統店鋪的特色是使用鐵或鋼製的大鍋、柴火、鹽鹵凝固劑、日本國產的全黃豆粒，以及簡單的槓桿或手轉式壓榨機。許多傳統豆腐店都強調要使用優質好水，他們的成形盒及凝乳桶都是木製的。至今，有些店鋪仍然使用小馬達驅動的花崗岩石磨。將磨得很細的石灰或木灰燼與回鍋油混合後，就成了自製消泡劑。當然，傳統豆腐店是絕對不使用防腐劑或任何化學添加劑的。店內的豆腐製作工具通常簡單、不貴又美觀，店裡氣氛寧靜，工作緩慢而仔細地完成，甚少產生廢棄物，讓人感受到真正的工匠精神。

傳統店鋪是一個小型家庭企業或工業，豆腐師傅和他的妻子通常會在幾個年紀夠大的兒子們中挑一個來幫忙，同住的父母也會提供協助——傳統店鋪通常不會僱用家人以外的幫手。大多數豆腐都放在店內櫥窗或自己載到附近街坊銷售，而不是經由中盤商或零售商店，這種模式有助於豆腐維持低價並鼓勵分散化，因此每個社區裡通常都只有一間豆腐店。今天（註：可能是一九九九年原書再版時），全日本三萬八千間豆腐店中，有95％都是屬於社區小商行——雖然其中只有少數具備傳統店鋪的全部特點。

傳統豆腐店一般都十分小巧，長寬通常不會超過三．五公尺乘四．五公尺，而且幾乎都跟豆腐師傅的住家相連，店面通常會面向街道，以便在店前櫥窗販售豆腐，而客人也可以看到店內有什麼種類的新鮮豆腐。此外，師傅和他的妻子通常也能從自家的廚房或客廳看到店面，這樣就不會錯過客人上門。

店舖小有助於節省工作時不必要的動作，並且可以很容易讓店面與原住宅的建築結構融合，使興建和改建的費用降至最低。在典型傳統店舖裡，每件設備彼此的空間關係，都是經過幾世紀以來透過不同布局和設計不斷實驗而得出——就如同一艘小船裡的客艙或一座日式庭園。傳統豆腐店是簡潔與實用的典範！

傳統店舖的能源消耗量很低，而且幾乎不會製造污染，因此，社區豆腐店都被視為與住宅相同等級。雖然不像現代化設備會使用到壓力鍋、燃油加熱的鍋爐和水壓式壓榨機等快速機具，但用傳統製作方法，每製作一批豆腐也只需要九十分鐘，而每一批都可以切割成一百二十塊重三百六十克的豆腐。

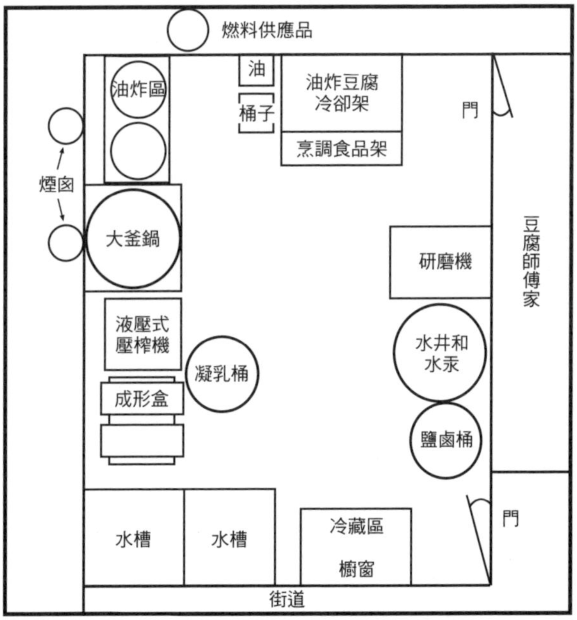

傳統店舖特別適合於兩種社會經濟環境：第一，是人們對高品質的天然食品非常感興趣，並且渴望最高品質的豆腐——豆腐師傅最重視的工作精神及品質；第二，則是迫切需要低廉蛋白質來源且缺乏能源、高科技及資金的環境。因此，傳統豆腐店不僅適合後工業化國家（許多人都在尋找有意義的工作，以及較單純、更獨立及分散式的生活方式），也很適合大多數人生活單純、並且正需蛋白質及就業機會的地方。

一般的店舖只需要相當低的費用就可以建置完成，只有兩樣設備無法輕易建造或以低價購得，那就是鐵製大釜鍋及石磨。

傳統豆腐店的平面圖。

成立一間小型傳統豆腐店的總成本非常低，若你可以自己動手打造，並且能在家中找到農家式豆腐店所使用的大鍋子、堅固的攪拌機及其他工具，那麼幾乎不用花任何費用，就可以打造一間小規模的傳統豆腐店。

## 重尋「老豆腐」

上述傳統店舖的基本工具、材料、方法論及精神，自豆腐在一千年以前傳入日本之後，就幾乎未曾改變過。日本社會的絕大多數層面，自一八六八年受到西化及現代化的影響後都有所改變，但傳統藝術及工藝（尤其是豆腐製作技藝）卻令人驚訝地未受影響，直到第二次世界大戰之後，傳統店舖才受到工業革命的強烈衝擊，開始趨於現代化並逐漸沒落。

隨著工業革命的到來，一種新意識開始取代傳統意識。工作被認為是一種經濟行為，製作豆腐變

半傳統式豆腐店。

成一種職業或生意，工匠精神轉為強調效率、降低成本和擴大發展，傳統技藝逐漸勢微或被遺忘，利益成為現代資本主義下全新的重要角色，師徒關係變成三個月的訓練，甚至完全被排除掉，就連製作豆腐的比賽也漸漸不再舉辦了。隨著對工作本身之價值、每日實踐的重要性等之勢微，豆腐品質也無可避免地日益下降。

一九六〇年代，東京食品研究中心做了第一份有關豆腐製作方法的科學研究，目的是提高產量、降低

現代液壓式壓力鍋。

附有三個豆漿桶的現代離心機。

生產時間，以及用理性客觀的現代方法來取代個人直覺及經驗為主的傳統方法。為了將全國的豆腐製法標準化，研究中心極力主張師傅們應使用硫酸鈣來提高豆腐成品的含水量，並使用壓力鍋來縮短煮製時間——至於風味問題，則完全未被討論——在傳統店舖轉為現代化的過程中，這份充滿圖表及科學數據的報告扮演了重要的角色。

當簡易工具及天然食材被機器及新興人造食材所取代，傳統豆腐便逐步發展成現代化模式。鍋爐及壓力鍋取代了大釜鍋，簡單的槓桿或手轉式壓榨機則被離心機和液壓式壓榨機取代，傳統鹽鹵換成了硫酸鈣，而部分黃豆原粒也變成了脫脂黃豆粕。由於優質好水受到工業污染，只好改用自來水，竹箱及木桶改為鋁製，石磨改為高速研磨機，炭火爐則改為丙烷爐。

在一九六〇年代，傳統豆腐店的情況跌到最低點，其僅有的生存空間，也因為新豆腐店及工廠的生產力及產能較高，而飽受威脅。

到了一九七〇年代，全國僅剩少數鄉下豆腐店裡還會使用柴火、花崗岩石磨、槓桿式壓榨機和炭火爐，估計不到1％的豆腐師傅使用鹽鹵凝固劑（14％的師傅使用鹽鹵和硫酸鈣混合物），約60％的師傅繼續使用鐵製大釜鍋，55％至60％的師傅仍使用手轉式壓榨機。

值得慶幸的是，這樣的危機似乎正在緩慢結束中。在日本及其他許多工業化國家內，許多人們都開始體認到高品質天然食品及傳統技藝的珍貴，並開始學習重新欣賞並珍惜它們。鹽鹵及其他許多傳統食材和工具已再度被廣泛使用，而少數通過這場暴風雨的豆腐大師們，正是這項傳統技藝得以重振的重要關鍵，他們將為豆腐界帶來文藝復興的希望。

CHAPTER 2

# 天皇級「御豆腐」

「如何製作獻給天皇的豆腐？」我們向見過的每位豆腐師提出了同樣的問題，而他們也都深思熟慮後才會回答。這個問題讓他們直接思考其技藝的核心及精髓，將成本、時間及利潤考量都擺在一旁，而所有的豆腐師傅（無論是老師傅或年輕師傅，不管是新潮派或守舊派）全都給了我們一個相當簡單的答案——要製作出最好的豆腐，就一定得依循傳統古法來做。

本章將簡短地用文字及手繪插圖來描述古法製作豆腐的步驟，就我們所知，傳統豆腐的製作過程從未有過文字記載，因為它被認為是一種「活的」薪火相傳，必須由師父私授祕傳給自己的徒弟。

## 前一天的準備

製作一批一百二十塊、每塊三百六十公克的豆腐所需的基本材料如下：

日本國產黃豆⋯⋯⋯⋯⋯⋯⋯⋯⋯⋯⋯⋯⋯⋯⋯⋯⋯⋯10公斤
水⋯⋯⋯⋯⋯⋯⋯⋯⋯⋯⋯⋯⋯⋯⋯⋯⋯⋯⋯⋯⋯⋯115公升
天然鹽鹵汁（相對濃度為一・一四）⋯⋯⋯⋯4½杯
天然消泡劑
硬木柴火（最好是橡木）

豆腐師傅會在下午或晚上為明天製作豆腐做事前準備。首先，他會用一個漂亮的一升大盒子來測量黃豆的份量（註：根據日本尺貫測量法，一升約為一千五百公克或一千八百毫升，即日本尺貫法的十合），逐一倒入一個雪松木桶中，接著加入水，然後用木槳劇烈攪動黃豆來徹底洗滌黃豆，再將水倒掉。重複這個步驟幾次過後，加入四十至四十五公升的水，將黃豆浸泡隔夜。

在休息前，師傅會舀八十五公升的水到大釜鍋當中，這樣明早就可以節省一些時間，也可作為緊急儲水槽，以防街坊鄰居發生火災需要急用。

## 一日之始

隔天一早，豆腐師傅穿上傳統的工作服，而腳上穿著高高的木屐，能讓他在店裡潮濕的石地板上行走時得以保持足部乾燥。

用 1 升的量盒在雪松木桶中裝進 10 公斤的黃豆。

至於綁在腰上的圍裙，上頭印有店及世系的名字，而讓師傅的額頭在炎炎夏日保持乾爽的頭巾，在日本長久以來一直是努力的象徵。

在蓋上鍋蓋的大釜鍋下升起熊熊大火之後，豆腐師傅會先將手徹底洗乾淨，接著將水槽刷洗乾淨，然後再裝滿冷水。他接著把浸泡過一夜的黃豆移到一個有篩孔的桶子裡，迅速把黃豆瀝乾，再倒入石磨上面的漏斗或研磨器，並注入涓涓不斷的細水流。之後，這些黃豆就會被榨成豆汁，流入下方的雪松木接桶中。

傳統豆腐師傅的服裝。

榨取豆汁。

## 煮豆汁

當大釜鍋裡的水滾了以後，豆腐師傅會先將五．五公升的滾水舀入另一個容器裡備用。接著，他將裝著豆汁的接桶移到大釜鍋旁，用勺子將豆汁舀入大釜鍋中。

之後，豆腐師傅把接桶抬高至大釜鍋邊緣，將剩餘的豆汁全都倒入鍋中。待豆汁都倒入大釜鍋之後，可以在大釜鍋上方，用剛才舀到一旁備用的熱水將勺子沖洗一下。

現在，豆腐師傅開始用大火煮豆汁，並將一個木環放在大釜鍋邊緣以防止豆汁溢出（煮豆汁時，鍋蓋要放在一旁，這樣木頭的煙燻香氣就可以滲入豆汁中）。

當大釜鍋裡的豆汁開始浮現白色泡沫時，師傅會拿出一小節前端劈開的竹節，將它浸到裝有消泡劑的容器中，然後用沾了消泡劑的竹節迅速攪散浮起的泡沫。

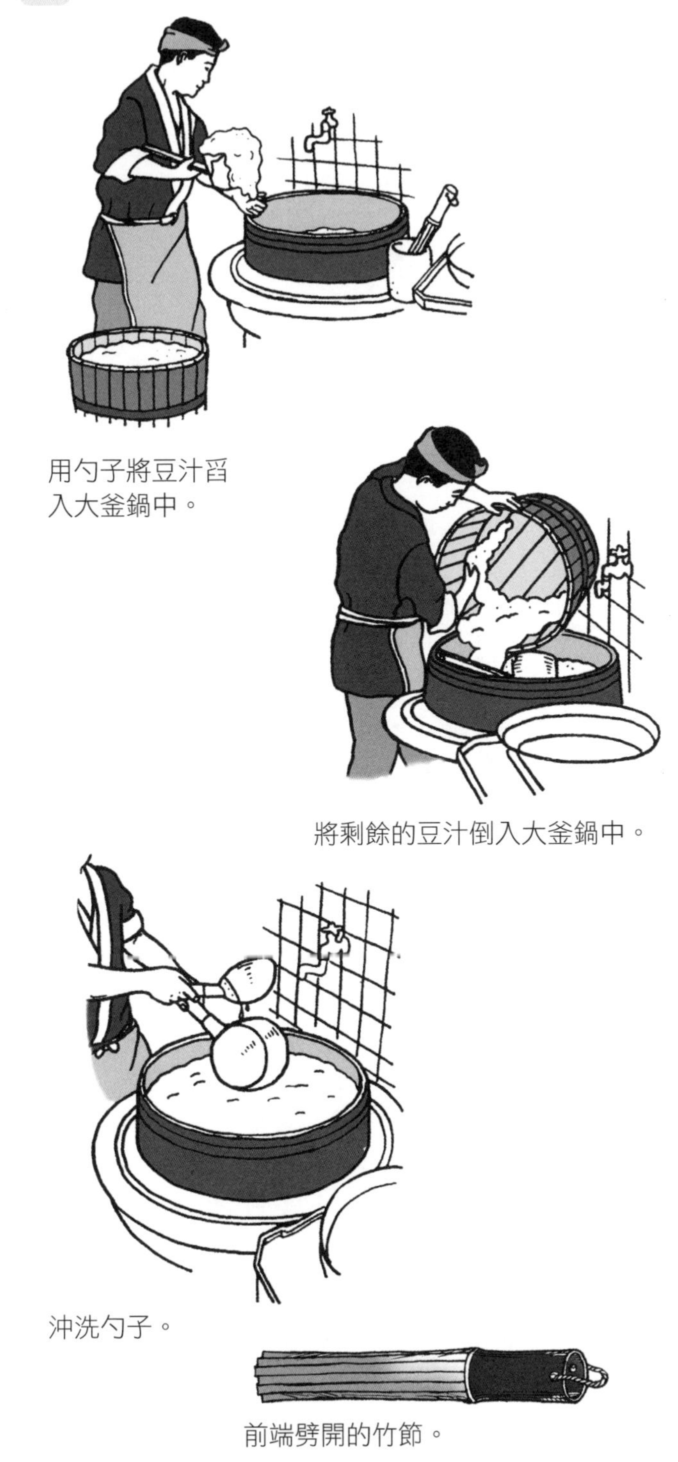

用勺子將豆汁舀入大釜鍋中。

將剩餘的豆汁倒入大釜鍋中。

沖洗勺子。

前端劈開的竹節。

豆汁總共要煮開三次，每次都要用少量的消泡劑將泡沫攪散；第三次煮開之後，要再滾五分鐘。與此同時，豆腐師傅會將裝凝乳的雪松木桶、過濾袋和擠壓袋沖洗乾淨，然後將過濾袋鋪套在雪松木桶上，擠壓袋放在過濾袋之內。等豆汁煮好時，師傅會將木環移開，在擠壓袋開口處套個木接槽，然後把擠壓袋跟木接槽懸起靠在大釜鍋邊上。接著，豆腐師傅會一手抓著擠壓袋開口，一手用勺子將煮好的豆汁舀進袋子裡。

## 豆漿現身

接下來，師傅會用熱水涮一下大釜鍋，並將鍋裡的全部豆汁都倒入擠壓袋中，此時，師傅會重新加

用浸過消泡劑的竹節去除豆汁上的泡沫。

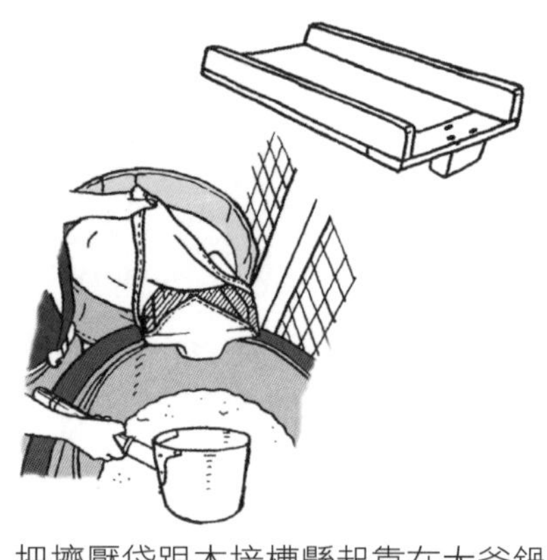
把擠壓袋跟木接槽懸起靠在大釜鍋邊上。

將煮好的豆汁舀進擠壓袋內。

三十六公升的水至大釜鍋中，並且生火。然後，他會用手動式齒輪絞盤的繩索，將擠壓袋懸吊在凝乳桶上方的半空中，讓豆漿滴入凝乳桶中，而豆腐渣則留在擠壓袋裡。

幾分鐘後，師傅會將木製壓盤架在凝乳桶的正上方，再把擠壓袋置於其上，在將袋口扭緊打結並折放在袋子上方後，用槓桿式壓榨器或手轉式螺旋壓榨器擠壓四到五分鐘。

接著，師傅打開擠壓袋，取出豆腐渣，並將之倒入加熱中的大釜鍋裡，而少許進入到過濾袋裡的細小豆腐渣，也會在稍微瀝乾後加入鍋中，最後再蓋上鍋蓋，讓重新加熱的步驟進行得更快速。

懸吊起擠壓袋，讓豆漿滴入凝乳桶。

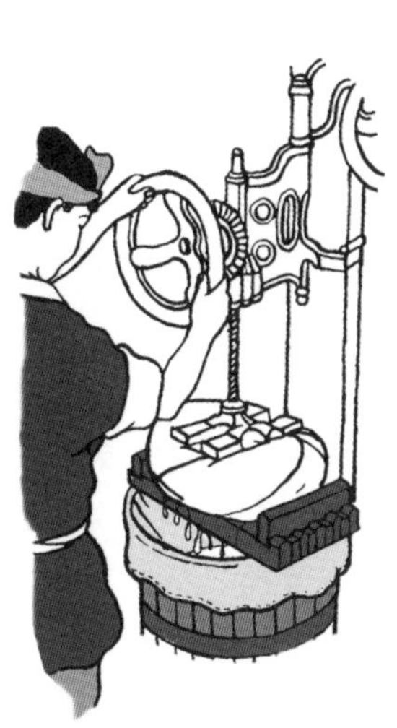

用壓榨器進一步擠壓豆漿。

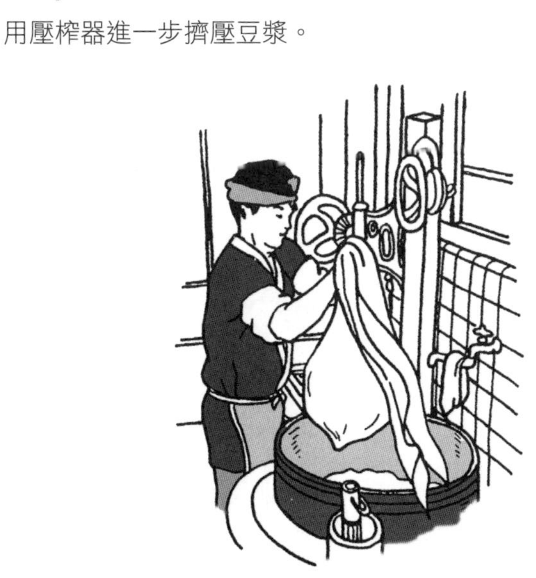

打開擠壓袋取豆腐渣，倒回大釜鍋中。

此時，豆腐師傅會攤開一塊沖洗過、織得很細的濾布蓋在凝乳桶上，並將壓盤放在濾布上。他將擠壓袋放在壓盤上，把擠壓袋的一邊掛在吊槓上，並用一個繩子固定。

當大釜鍋中的豆腐渣煮開時，先用竹條稍微攪拌一下，再全部倒進擠壓袋裡。然後豆腐師傅會在大釜鍋裡再裝滿水，給接下來的一批豆腐使用。再次擠壓過豆腐渣之後，豆腐師傅會把豆腐渣倒入一個特製的容器內，放在豆腐店外面，當地的乳品商人會將它取走。

## 凝結豆漿

豆腐師傅會先用大釜鍋的鍋蓋覆蓋凝乳桶，以避免豆漿冷卻。接著，他從長年使用的鹽鹵桶裡將四．五杯的鹽鹵汁舀進木桶裡，並加入十一公升的溫水稀釋。

接著，用木槳快速攪拌豆漿，直到它出現一個順時鐘方向的漩渦後，立刻戛然停止攪拌。將木槳靠著桶子內緣，面對著豆漿流向，將三分之一的鹽鹵汁沿著木槳倒入桶中。

接著，將另外三分之一的鹽鹵汁倒在木槳上，再均勻地撒在豆漿表面，再一次蓋上鍋蓋。

把煮開的豆腐渣倒回擠壓袋，進行第二次擠壓。

稀釋鹽鹵汁。

先讓凝乳豆漿靜置一旁，大約十分鐘過後，將最後的三分之一鹽鹵汁撒在凝乳豆漿表面，慢慢地攪拌凝乳表面五公分深處約二十秒，再一次蓋上蓋子靜置一旁，至少等十分鐘，接著移開蓋子，豆腐師傅會用木槳在凝乳中慢慢切出一個深螺旋形圈，幫助在底部沒有凝固的豆漿浮出表面凝結。

倒入三分之一的鹽鹵汁。

將另外三分之一鹽鹵汁均勻灑在豆漿表面。

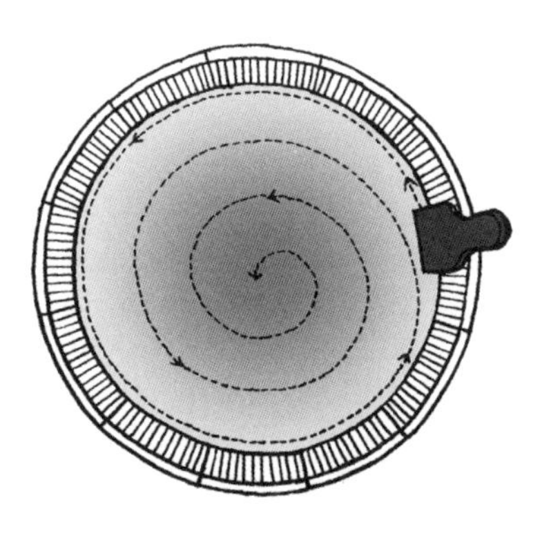

用木槳在凝乳中慢慢切出一個深螺旋形圈。

將成形盒用的布弄濕，鋪在成形盒中。接著，把一個用布包著底部的大竹簍壓入凝乳桶的液體中，將盛在竹簍中的乳清舀進成形盒下方的乳清接盒中；可用磚塊或石頭壓竹簍，這能讓竹簍反覆裝滿乳清。

將乳清舀進乳清接盒中。

## 擠壓凝乳

移開竹簍，豆腐師傅小心地將豆漿凝乳舀進成形盒中。

如果成形盒太小裝不下所有的凝乳，師傅會在每個成形盒的頂部加框來增加高度。當所有的擬乳都舀入

將凝乳舀進成形盒中。

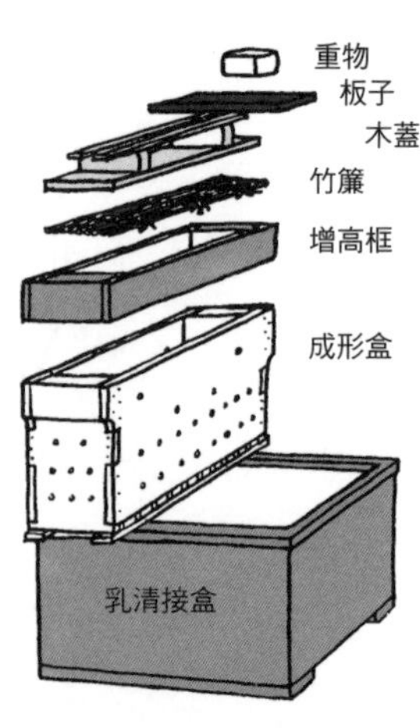


成形盒和擠壓凝乳的裝置。

盒中後，再將成形盒用的布折好放在凝乳上面，將擠壓用的竹蓆和一個木製的蓋子放在布上面，蓋子上放一塊板子，板子上再壓個四公斤的重物。四到五分鐘過後，當凝乳在盒中成形有幾公分高時，將擠壓的裝置及框架移開，接著輕輕拉起每一個成形盒中四邊的布（註：使布平整），以免凝乳在成形的過程中出現皺痕，然後再將擠壓的裝置放回去，這次改放九到十一公斤的重物。擠壓凝乳需超過十到十五分鐘，直到盒子不再有液體滴出。接著將擠壓的裝置移開，將布攤開，把成形盒放入裝滿水的水槽中。

## 倒出豆腐

將浸入水中的每個成形盒倒立過來，然後扣出豆腐，把布包著的豆腐擱在水槽底部。打開布包，在豆腐

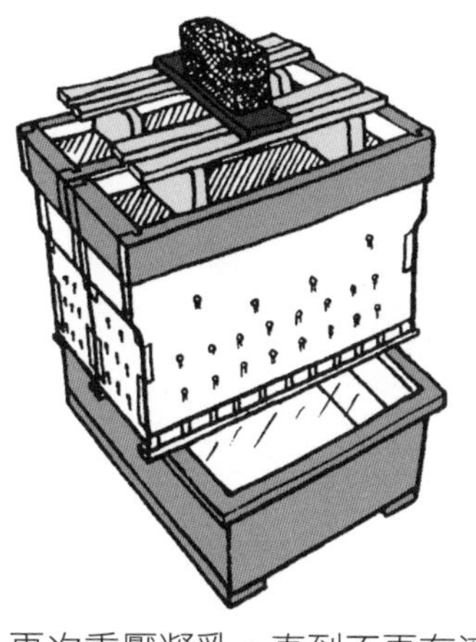
再次重壓凝乳，直到不再有液體滴出。

在裝滿水的水槽中倒扣出豆腐。

底下放入一塊木砧板，在水中將豆腐橫向切成五等分，每份豆腐再縱向切成二等分，然後再橫向切成六等分，最後共有一百二十塊重三百六十克的豆腐塊，可放在水中冷卻。通常來說，豆腐師傅會留一半的豆腐在水槽中，賣給上門的客人，至於其他豆腐，豆腐師傅會親自到街坊去販售。一直到第二次世界大戰結束以前，豆腐大都是放在裝有水的木箱中，用扁擔挑著在社區裡販售。

今日（註：一九九九年，原文書二版時），豆腐是放在雙層的大木箱中，下面的隔層（內層是不鏽鋼）裡裝有一些水，箱子裡有普通豆腐、絹豆腐和烤豆腐，上面的隔層裡則放油炸豆腐。整個箱子會綁在腳踏車或摩托車的後座，然後豆廚師傅會騎著車在社區裡販賣他努力的成果。每當他要沿街賣豆腐時，都會帶個小喇叭綁在脖子上，吹響喇叭告知大家他的到來。

在水槽中切豆腐。

挑扁擔賣豆腐。

雙層豆腐箱。

騎腳踏車出門賣豆腐的豆腐師傅。

## 完美的收尾

每日工作結束時，豆腐師傅都會用豆腐凝乳擠壓出的熱乳清來洗滌他所有的工具，再用好水把它們沖洗乾淨，最後整齊地堆放在鐵鍋上晾乾。

製作豆腐具有一種追求實踐的人所摯愛的寂靜，每日的工作即是一種對寂靜的時時刻刻見習，有豆腐師傅們這樣日復一日的堅持，才得以創造出如此樸實的美味……

在工作的結束後晾乾寶貝的工具。

CHAPTER 3

# 農家豆腐傳說

農家豆腐在日本已成為一種傳說。之所以成為傳說，並非單純來自日本人對其豐富文化遺產的深切崇敬，也不單單是因為與「某種千年以來根植於地球、並被四季神祕之舞包圍之生活」分離的感覺；或許，當現實愈來愈遙遠，記憶就被浪漫化了。

現在有許多日本人都帶著深邃的懷舊之情談論著：某種瀰漫煙燻香氣及一綑綑新收成稻米的生活方式、在無垠的天空下從老奶奶的飯菜及繁重工作中漸漸成長茁壯的生活方式，以及會讓人們想一起唱歌跳舞慶祝新生命降臨、兒女結婚、新居落成、插秧和村裡慶典的生活方式——一種既簡單又神聖的生活方式！這樣的生活方式，有些已經永遠的失落了，有些正在慢慢消逝中，還有些則隱沒成為另一種遙遠的夢想。

對優秀的豆腐師傅而言，農家豆腐象徵著純粹而古老的技藝，也代表一種值得堅持努力的優質標準。他們都這麼說：「一旦品嚐過令人愉悅的自製農家豆腐後，你這輩子都不會忘記它的美味！」

他們訴說著為何古早時候的農家豆腐會做得很硬，因為這樣才能用稻桿做的繩子將豆腐綁成一個包裹，就算提到很遠的地方也不會碎開。在那個時候，一塊豆腐大約是現在的二到四倍大，而且一定是使用天然鹽鹵來凝固。

農家豆腐製作技藝的純樸（只使用天然食材及手動工具）和優雅（對純樸技藝本身的掌握），都讓手藝精湛的豆腐師傅讚揚不已——據說，離這種完美技藝愈近的人，愈能擁有一顆初心，像初學者一樣去思考。

## 快要消失的農家豆腐

我們向豆腐師傅們詢問，哪裡可以參觀到這種豆腐的製作方式，卻發現幾乎沒有人知道答案，有的人則猜測說，或許可以在仍保有傳統文化的偏遠村莊裡找到。雖然我們前往日本鄉下的城鎮和村莊時，總不忘一路詢問有關農家豆腐的事情，但換來的，卻是一次又一次的失望。

最後，在朋友的建議之下，我們在某個春天動身前往位於白川鄉裡一個如畫般的山村。據說，十二世紀末，當戰敗的平氏（源氏物語中名垂千古的家族）倖存者被來自京都的勝利者源氏家族追捕時，一度躲藏在這個村莊裡，而當平氏家族逃走之後，就再也沒有人見過或聽過他們了。這個村莊之所以不尋常，在於它獨特的貴族式建築風格、保存良好的古老傳統與近親繁衍的記錄。如果傳統的豆腐製作方法也在這個與世隔絕的村莊中保留了下來，我們或許就可以一瞥豆腐於千年前首度從中國傳到日本時最初的製作方法了。

為了這個可能性，我們揹起行囊，開始了這趟只能靠走路及搭便車到達的旅程。順著長良川進入更高、

傳統農家豆腐。

更深的山裡之後，我們開始感覺到，這條河冰冷清澈的源頭，和日本傳統文化強壯的生命泉源，似乎是從同一個遙遠的源頭湧出來的。我們將黑暗的城市抛於身後，彷彿正一步步回到過去：房舍的屋頂從磚瓦變成了茅草，窗戶從玻璃變為紙製，人們的服裝從西裝到穿舊了的莊稼人衣著，空氣逐漸變得明亮，溪水從陡峭的山腰滾滾流下，花兒和鳥兒繁不勝數，而人們臉上的表情似乎比風、雪和太陽更具張力。

我們終於抵達這個村莊的時候，包圍著它的山脊線仍被白雪覆蓋著，山櫻花則豔麗地盛開綻放！我們在一個傳統的農舍旅館過夜，並立刻向一位跑進旅館的老婦人詢問，是否知道在白川鄉仍有人在製作舊式的豆腐。她表示自己和其他許多差不多年紀的婦女在年輕時都會製作豆腐，但早從十年前起，她們就不再自己做豆腐了，因為她們再也推不動沉重的石磨，或是已經無法取得天然粗鹽來製作鹽鹵。她還提到，如今村人們已經可以在鄰近村子的一間舖子裡買到現成的豆腐。

儘管如此，這位親切的老婦人還是在第二天介紹我們認識木戶口女士——一位眼睛笑瞇瞇、很有精神的老婦人，以及其他兩位女士。她們帶領我們來到村中寺廟閣樓上的陳列館，向我們展示以前所使用的工具，並詳細解說傳統的豆腐是如何製作的。只不

白川鄉的農舍及其前方的水力去稻穀器。

過，令我們感到洩氣的是，七十歲以下的村人當中，沒有任何一個人知道如何製作舊式豆腐，更令人沮喪的是，也沒有人知道我們還可以到哪兒繼續尋找。

我們意志消沉地離開了白川鄉，然後很快地就因為第一個願意載我們一程的人而精神為之一振。他說在他住的村子裡，有位老婦人仍會製作我們所找尋的那種豆腐，這讓我們十分興奮，立刻拜託他載我們到老婦人家，但她剛好不在家。我們決定在這裡等待，但等到小澤女士從田裡回來，已經是晚上了。可惜的是，由於目前正是忙著插秧的時節，小澤女士沒有時間製作豆腐，她親切卻堅定的表示我們來的不是時候，但仍花了幾個小時向我們展示她所使用的傳統工具，以及屋子後面特別為製作豆腐所搭建的一個小屋。

在詳細解說她所使用的方法後，她邀請我們等秋末收割莊稼後再來，到時她會很樂意為我們製作農家豆腐。很不幸的是，小澤女士也不知道這地方還有誰可以幫忙。

## 最令人愉快的味道

第二天早上，我們再次上路，走了一大段路後，遇到一個獨自在田裡工作的女士，她告訴我們，在上之野俁附近的一個小村子裡，仍有一些村民會在特別的日子裡製作豆腐，只不過，上之野俁是個小到無法在地圖上找到的地方！

### 內山農家豆腐

我們毫不畏懼地按著那名女士指引的方向出發，經過幾個小時的跋涉，我們抵達了上之野俁，並被指點到村中七十二歲的渡邊老奶奶家去。令人驚喜的是，我們到的正是時候！渡邊奶奶招呼我們進屋的當下，她和她朋友正要為村裡一位逝世七週年的村民製作紀念豆腐。

這真是太幸運了！

對於我們突然卻來得很巧的登門，渡邊奶奶和她的朋友都感到既高興又驚訝。很快地，在我們四個人笑笑鬧鬧的同時，農家豆腐製作的古老技藝傳承也在眼前展開。

我們看著豆子在手動式石磨中被磨成豆汁，然後在柴火上一個寬口的鐵鍋中煮沸；我們看到稻糠是如何被撒在鍋裡頭，也看到煮豆汁過程中所產生的泡沫是如何用一個竹條攪開；煮好的豆汁被倒入一個擺放在樹枝製架子上的擠壓袋裡，並放置在一個舊木桶的桶口上，接著用一塊厚重的石磨來擠壓豆汁。她使用鹽鹵將擠壓在桶子中的豆漿凝固，然後將凝乳倒入一個自製的成形盒裡，蓋上蓋子，再用一塊石頭擠壓。最後，渡邊奶奶沒有將豆腐浸泡在水中，而是直接將豆腐切成一個一個小塊，讓我們試味道。

這種豆腐的風味帶有微微的煙燻餘韻，鄉村式的擠壓法則讓它有一種結實感和微微粗糙的質地，跟城市裡的人所熟悉的柔軟滑嫩豆腐相當不同。

由於豆腐在擠壓過後並未浸泡於水中，因此保留了米白原色，以及一種細膩的香氣，這些都是我們從未曾見過或體驗過的。

在自產黃豆的微甜及香味，以及鹽鹵所遺留的細微苦味下，這種豆腐似乎完全體現了黃豆開花結果以來的所有形態：如酒一般香甜的早晨空氣、從農家深井中汲取出來的清水，以及社區淳樸熱情的手藝樂趣，全部都包含在其精髓當中，這種有益於健康、質樸且令人心滿意足的豆腐，似乎充滿著真誠不造作、發自於內心的熱情——那就是最令人愉悅的味道。

## 海水豆腐

記錄了日本中部山村中兩種製作鹽鹵豆腐的傳統方法後，我們決定前往九州——日本最南邊的主島，看看在那裡是否使用同樣的方法做豆腐。

在九州，我們發現只有少數上了年紀的婦女知道農家豆腐的製作方法，南方的傳統方法跟北方基本上一樣，但幾個女士順口提到她們曾聽過一種更加簡單的豆腐製作方法：直接使用海水來當凝固劑，而不是海水濃縮的精華——鹽鹵。

有人建議我們，如果有任何地方仍在使用這種方法的話，可能就是從九州南端向南延伸至沖繩南邊的某些人口稀疏的小島上，於是我們便去拜訪諏訪之瀨島上的榕樹精舍。諏訪之瀨島是那一連串島嶼中最小的一座島，榕樹精舍則是由日本流浪詩人佐佐木七乃和一些年輕人所建立的社區，過著農牧及禪修的簡單生活，從本島坐船到諏訪之瀨島要花十七個小時。

一抵達諏訪之瀨島，我們就詢問當地的農夫和漁夫是否聽說過有人用海水來凝固豆腐。我們很驚訝地

在諏訪之瀨島做海水豆腐。

得知，不僅小村子裡製作的豆腐是用海水來凝固，榕樹精舍的成員也學會這種方法，還能自己製作所需要的工具，每個星期都會自製豆腐一、兩次。之後幾天，我們在朋友的協助下為整個精舍的成員製作海水豆腐。

這個被壯觀珊瑚礁包圍並遍佈著活火山的島嶼，就像一顆鑲嵌在寬廣且異常清澈水面上的小寶石。晚上，我們在月光下沿著泥路走了幾哩路到達岸邊，將酒瓶浸到浪潮中裝滿海水。第二天早晨，我們將豆子用手動式石磨碾碎，在室外用柴火來煮豆汁，並且在竹林搖曳下的生鏽長桌邊，品嚐了豆腐午餐，其極佳的風味、結實的口感和鄉間純樸的氛圍，都跟我們在山裡所品嚐的鹽鹵豆腐非常類似。

## 「長壽」豆腐

從諏訪之瀨島回來的一年半後，我們前往日本本島最北端的有芸村——日本的長壽村之一，那裡的人大部分都能活到超過九十歲。聽說在這個多雪的東北之村，日本傳統文化依然活躍，而且許多家庭仍會製作農家豆腐。

當我們抵達這個位於岩手縣高山上的小村莊時，那戶透過書信被推薦給我們認識的人家，剛好正製作完當日的結實鹽鹵豆腐，女主人將幾塊已經串好的豆腐拿來製作農家式烤豆腐，並把製成的田樂豆腐讓我們品嚐，作為上午的點心。

我們發現，這個村子裡的每戶人家都有一間小型的豆腐店，因此，每個家庭都會固定製作鄉村式豆腐，而且每批豆腐的量幾乎都是諏訪之瀨島或其他我們拜訪過的村莊的五倍之多，以供應一個大家庭一日三餐的食材——而且還可以吃上好幾天——這種豆腐的詳細製作方法，將會在第四章〈自製大宗農家豆腐〉說明。此外，我們也深深感受到，這兒是最早的農家豆腐與傳統豆腐店的歷史接軌點。

## 村落裡的豆腐人情

傳統上，在全日本的村落當中，豆腐和豆腐師傅在緊密交織的社會關係與年度慶典活動中占有十分特別的地位：在大多數的村子裡，豆腐被認為是一種珍味，每年至少會在十到十五次特別的場合中食用，主要原因是：製作一批豆腐（八杯乾燥黃豆製成）便可供十五到二十人食用。

豆腐成為全村居民及家人共享的樂事，人們從來不買賣黃豆，所有當地農田收割回來的黃豆，會全部交給豆腐師傅，豆腐師傅則將他們的手藝成果免費回贈給居民。

這些豆腐通常會在一年之中主要活動的筵席上食用，包括新年祭、盂蘭盆節、婚禮、喪禮和追悼儀式、傳統節日（例如三月三日上巳節或五月五日端午節）、各種農業和宗教祭典，以及其他社區裡的特別日子。白川鄉古老的村落記事裡記載到，在新居落成或茅草屋頂蓋好時，豆腐時常是典禮的供品。至於在寺廟或神社所舉行的宗教活動上，村民品嚐豆腐之前，祭司會先將一份豆腐放在祭壇上。在一些偏僻的村子裡，這些習俗如今依然存在著。

大約從五月初到十月底，多數的村民都在田裡從早忙到晚，只有假日才稍微有些時間製作豆腐，但等到農作物收成之後，世界開始被白雪覆蓋時，時間就多了！此時，新收成的黃豆風味正佳，還有低溫的清水讓豆腐保持新鮮，雖然沒有祭典或特別場合當藉口，但農婦大都會利用這個季節為家人和朋友製作豆腐。

這些村落一直是以相對簡單的方式來料理農家豆腐，人們似乎都體認到，最終極的美味是豆腐本身毫無修飾的風味及芬芳。在寒冷的季節中，豆腐會被料理成熱騰騰的烤豆腐或田樂豆腐，以竹籤串著排繞在村子裡一個大營火旁，或是放在自宅「地爐」（註：日本傳統民宅會在地板——通常是全屋中央或家人主要活動區域——

下挖一個四方型的區域，中間燃燒薪柴或煤炭，用來取暖或燒烤、烹煮食物；日文作「囲炉裏」）的餘火上，或是加入關東煮、味噌湯、燉菜或放入懸吊在客廳爐火上厚重的鐵鍋或壺中以料埋成湯豆腐；用稻桿包起來的豆腐可以煮成「蒲包豆腐」（註：像納豆一樣用稻桿包住豆腐，再用鹽水去煮）。在夏天，當然就是料理成冷豆腐。

## 好豆腐的12個基本

農家自製豆腐的技藝和美國自製烘培麵包的歷史，有些有趣的相似之處——最初掌握著這兩項技藝的都是女性。在日本的社區裡，有十到十五位來自不同家庭的婦女，各自擁有石磨及一套完整的豆腐製作工具，為了豆腐的新鮮度並趕在上午食用，這些婦女通常凌晨就會開始磨豆。如同自製麵包從美國文化中消失（營利烘培店的出現，以及鄰近商店可購買到大量生產的麵包），自製豆腐的習慣也漸漸在日本消失，目前日本的農家豆腐僅存在最偏遠的村莊裡。最後，就像美國興起了傳統烘培藝術復興運動，人們重新發現烘培技藝之美，以及這種成品的頂級風味和優質營養，日本也興起了一股豆腐復興運動：人們尋求重建一種較為簡單自然的生活方式，並重振古日本手工技藝，因此，現在人們對製作農家豆腐的興趣正在興起當中。

在許多村落裡，自引進電動式石磨後，寡婦或貧苦的農婦會開設豆腐店來增加家庭收入，這些豆腐店不僅供應豆腐，同時也是坐下來閒聊的好地方。由於鄉下地方農家彼此相隔很遠，最近的豆腐店也很遠，因此農家通常會輪流製作豆腐，每戶會依次將豆腐送到其他家去，漸漸地，農家豆腐的製作者開始將自己的技藝視為一種職業，而從前拿來分享的豆腐，如今則用來販售。毫無疑問的，村民很樂於能快速取得新鮮又便宜的豆腐，而豆腐師傅也很高興有收入的來源。

原本，城市與鄉村的豆腐店都是使用同樣的材料與方法在製作豆腐，是第二次世界大戰之後才開始慢慢出現差異：農家豆腐被認為比現代商業化的豆腐更優質，因此，我們向每一位農家豆腐師傅詢問，製作優質豆腐最重要的元素為何？答案依照其重要性排列如下：

1 使用鹽鹵或海水作為凝固劑。

2 用重物擠壓成形盒中的豆腐來產生結實的口感和濃郁的風味。

3 不要將豆腐浸泡在水中，儘快食用。

4 使用柴火。

5 使用高品質、有機栽培的黃豆，最好是日本國產品種。

6 使用有些粗的擠壓袋，讓少量的豆腐渣進入豆腐中，口感會更結實，並且能稍微增加產量。

7 可能的話，使用從深井或清澈的溪流中取得的純淨水。

8 使用厚重鐵鍋或鐵製大釜鍋來製作豆腐（不要用壓力鍋或鋁製容器）。

9 學習以專一的心思及努力來工作，每個材料與動作皆賦予生命，將豆腐當作是取悅神明和人們的祭典供品來製作。

10 使用簡單的工具或自己動手製作工具，並以尊敬的心意來對待它們。

11 使用轉動緩慢的花崗岩石磨，使豆汁口感細膩滑順。

12 用最簡單的方式食用豆腐，更能完全品嚐豆腐的風味。

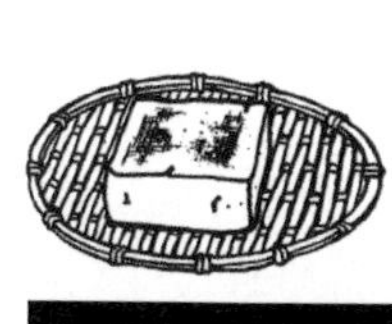

CHAPTER 4

# 自製大宗農家豆腐

學習製作大宗豆腐就像製作麵包一樣簡單有趣。從開始磨豆子到把凝乳舀入成形容器為止，只需要一小時半的時間，之後還需要一小時以上讓凝乳成形和冷卻豆腐。若能大批量地取得黃豆，製作大宗豆腐的成本將降至市售豆腐的六分之一左右。將豆腐放在冷水中就能維持其新鮮度，因此，製作一大批農家豆腐可供給一家四口三到四天的豆腐食用量。為了成功製作豆腐，在嘗試製作大宗農家豆腐之前，請先確認你已掌握第138頁「在家自製豆腐」的方法。此外，請儘可能按傳統農家方式製作，來讓豆腐有最棒的風味，但請放心，就算以攪拌機或手動式研磨機來取代石磨，豆腐的品質也不會受到影響。本章將以諏訪之瀨島上所採用的「島嶼方法」為主，大多數山村和豆腐店所使用的「本島方法」則會當成變化版來解說。

我們已經對做豆腐的工具和方法做過不少調整和變化，讓大家在西式廚房裡也可以輕鬆製作出農家豆腐；此外，雖然說有兩個人以上一起製作會比較容易，但是一個人也可以勝任。

這種使用簡單傳統工具及天然材料的豆腐製作方法，也很適合生活在較原始村落的人們，例如非洲、印度或南美洲，或是在西方世界裡自願（或非自願）地過著清貧生活的人們；無論是哪種情形，這套豆腐製作方法都可成為個人或社區經營的小型家庭企業的基礎（只需要一點點資本或甚至完全不需要資本）。如果他從早上六點就開始做豆腐，到中午應該可以做好四批豆腐（約七十塊三百六十克的豆腐塊）。

接下來你將看到的農家豆腐製作方法，所做出來的豆腐份量，是日本豆腐店最普遍的——將八杯乾燥的黃豆製成一批豆腐。不過，有些農家豆腐師傅會一次使用十六杯，也有大家庭會一次用到四十杯；如果你有夠大的煮鍋，其他的工具也都能找到合適的，那麼，一次製作大批量的豆腐，真的會比製作二或三小批豆腐容易得多——但不論是哪種情形，製作方法都一樣。

# 工具及器皿

製作農家豆腐與在家自製豆腐所需的基本工具（見第139頁）很近似，只不過多數工具都比較大，這些工具無法在家自己打造，但還是很容易取得，而且價格真的不貴。

## 攪拌機、食品攪碎機、研磨機或石磨

如有你做豆腐的地方有電力供應，建議可以使用一臺相當大的攪拌機、食品攪碎機或研磨機。一臺好的研磨機是製作豆腐的關鍵要素，因為最困難且最花時間的步驟，就是研磨豆子。如果沒有電力供應，可以使用手動式研磨機，或是上面有送料斗及附加尖細葉片裝置的絞肉機。一般生產量較大的農家，大多會選用直徑十五公分，垂直鑲嵌著石輪的小型電動研磨機。

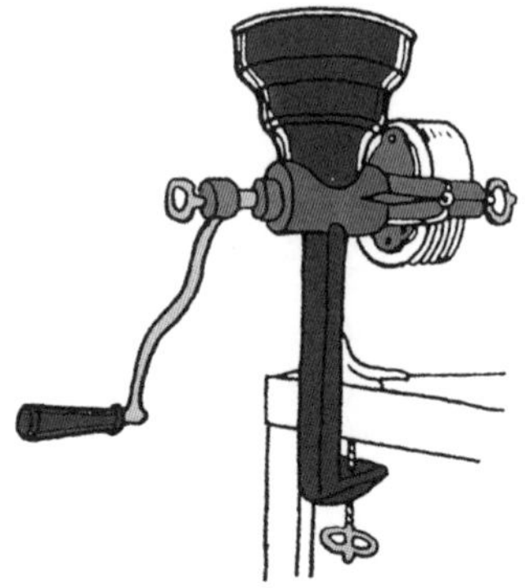

絞肉機。

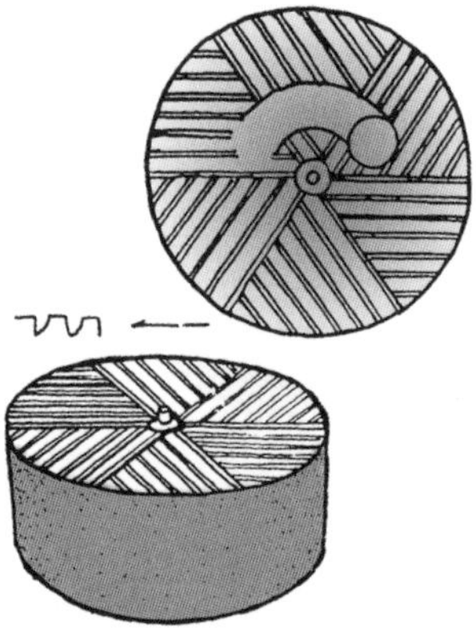

上下層石磨的磨面都刻有 0.3 公分的斜紋。

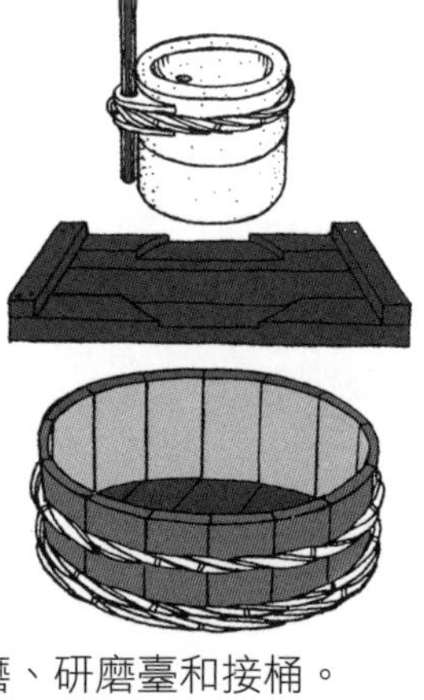

石磨、研磨臺和接桶。

傳統上，農家豆腐師傅一般是使用手推式花崗岩石磨來研磨黃豆，每塊大理石磨重達十八至二十公斤，直徑約三十五公分、厚約十八公分，在內凹的表面上有一個直徑五公分的洞（浸泡好的黃豆屆時會被舀入這個洞），在石磨底層的中央鐵桿接合著上層底部的鐵套管，當石磨轉動時可支撐在適當的地方。上下層石磨的磨面都有刻著〇．三公分深的斜紋。為了製作滑順有微粒的豆汁，兩個石磨必須保持平衡並調整好，而且磨面上的斜紋一定要每三至六個月就磨利一次。

研磨時，下面的石磨保持不動，上面的石磨則用垂直木柄轉動，豆腐師傅站就在石磨的旁邊轉動石磨。製作較大量豆腐的大石磨，可利用一根一公尺長的把手，從天花板用繩索支撐一端，以推挽的方式轉動石磨（見第112頁左圖的推拉式石磨）。

支撐著石磨的研磨臺，通常直接平放在一個直徑五十五公分、二十五至三十分深的堅固木製接桶上，如果接桶不夠結實到能撐住石磨的重量，或是你希望能在不動到研磨臺的情形下挪開桶子，可以將石磨置於有四隻堅固支柱撐起的平臺上（見第110頁圖）。

## 濾器

任何金屬或塑膠的濾盆、篩子或大瀝網都可以，直徑至少要有二十五公分，但必須小於煮鍋的直徑。

農家豆腐師傅通常會使用一個用竹子牢固編成的圓形淺濾籃；有些農家會將泡好的豆子放在濾盆裡沖洗，有些人則是將黃豆放在勺型、以柳條編織而成、用來簸穀的籃筐裡沖洗。

## 濾器布

通常是一塊一百一十六至一百五十五平方公分的棉布，主要是用來包覆濾器的底面，以防止凝乳中的細小物質進到濾器，然後跟著乳清一起被舀出去。

## 濾器石鎮

使用一塊大約〇．五公斤的乾淨石頭或半塊磚頭。

## 煮鍋及蓋子

使用一個容量至少有二十五公升（最好有三十至四十公升，主要是為了防溢出）的厚重金屬鍋或陶鍋。如果鍋子要直接置於柴火之上，那麼蓋子一定要夠厚，這樣蓋子的邊緣才不會燒焦。

簸穀的籃筐。

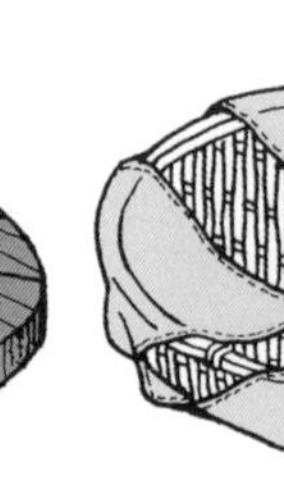

濾器布。

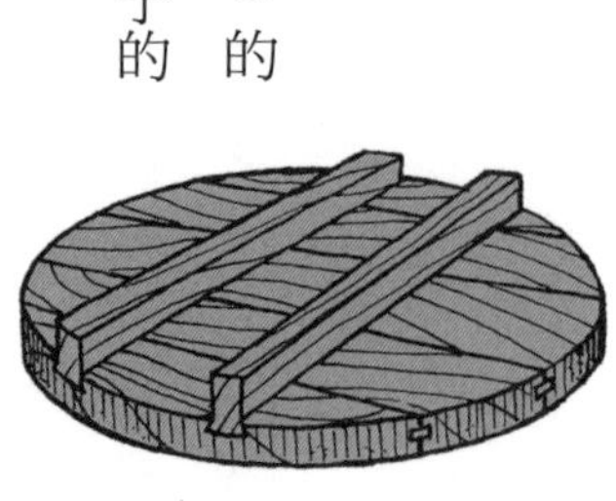

木製大鍋蓋。

農家豆腐師傅比較喜歡用一種厚鐵製（或鋼製）的圓底鍋，有兩種常見的種類：一種如圖中上面那一種圓底鍋，鍋底至鍋口從下向上微微展開，且鍋子的重心較低，適合放在柴火上或圓筒狀的炊具上使用。圖中下面的鍋子，與多數豆腐店所使用的大釜鍋類似，本來是放在燒柴火的爐灶上使用，在一些固定製作大批豆腐的農家中，則是放在一個磚臺上，而且可達深度六十公分、直徑九十公分。

每次使用前，一定要先用熱水徹底把鍋子洗乾淨，因為只要殘留有一點點油漬，便可能影響鹽鹵類凝固劑的作用。

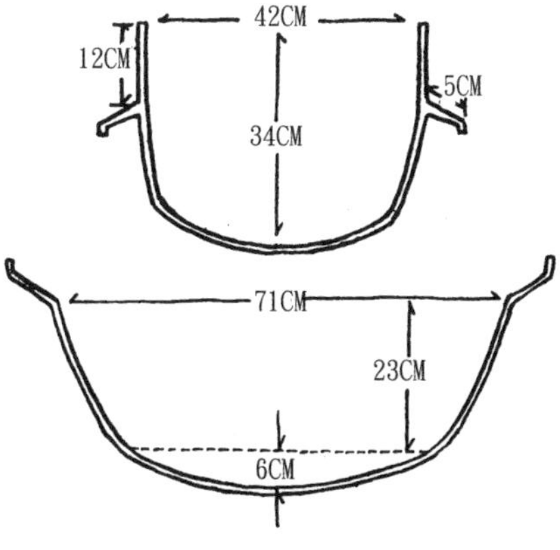

42CM
12CM
5CM
34CM
71CM
23CM
6CM

做豆腐用的兩種常見的大煮鍋。

## 熱源

所有的農家豆腐師傅都同意，最美味的豆腐是用柴火煮製而成，可是一或兩個大型爐臺的爐火（不論是瓦斯爐或電爐）也能做出品質很好的豆腐。

在農家裡，有四種不同的方法來支撐爐火上的煮鍋：

1在室外或一個小棚內的淺溝兩旁各放二塊石頭，然後將煮鍋置於石頭上（見第64頁圖左邊的煮鍋）。

2將煮鍋架在六十公分高、被截斷（即上下皆有開口）的圓桶上，圓桶底部的一側，有個用來加柴火和排柴煙的方型開口，大約二十五公分乘以二十五公分大小（見下頁上圖）。

3放在多數農家廚房中特有的土製爐灶上。

4 安裝在一個固定的磚臺上，磚臺後面有煙囪，而爐灶的灶門就在前下方。

## 熱水鍋

使用一個大熱水壺或容量至少有五公升的有蓋鍋子。

## 勺子

任一種小型的長柄平底深鍋都可以，農家豆腐師傅比較喜歡使用右下圖的這種勺子，有三十到六十公分長的把手，可以很容易地越過爐火伸進大鍋中；圓底而且直徑十二到十五公分的勺口則有助於舀取凝乳。勺子跟炒菜鍋一起使用也不錯。

將煮鍋架在 60 公分高、被截斷（上下接有開口）的圓桶上，下方有開口可以燒柴火。

固定製作大批豆腐的農家中，煮鍋會被架在一個磚臺上，灶門就在前下方。

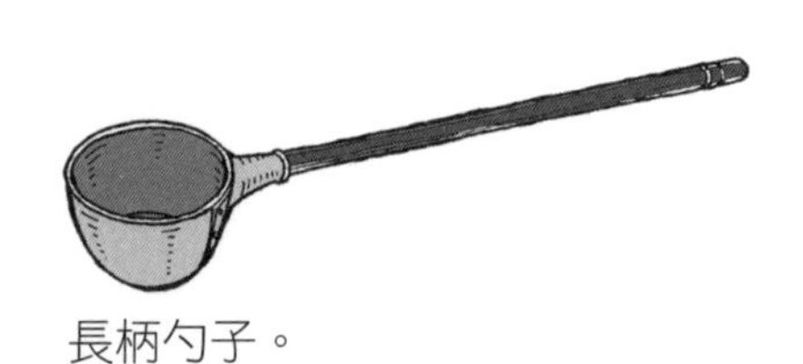

長柄勺子。

## 測量器具

使用一個具備下列各種度量的容器：一加侖、一夸脫、一杯和一湯匙；在度量乾燥的黃豆原粒時，多數農家豆腐師傅使用的標準一升木盒大約是一千八百毫升或八杯的量。

## 木槳

任何一種木匙、抹刀或一片薄木板都可以，也可自製二公分厚、十到十五公分寬、七十五到九十公分長的木槳。

## 豆汁桶

使用至少有十二公升的容器，來盛裝新鮮攪打好的豆汁或接石磨下的豆汁。

## 擠壓鍋或桶

使用任何堅固的鍋子、桶子或容量二十二到三十三公升的木製或金屬製盆子；如果你是用第94頁提到的本島方法來製作大宗農家豆腐，我們建議儘可能使用木桶，以保持豆漿滾熱。

農家特有的擠壓桶，其直徑約五十五公分、深度約四十五公分，是二或三圈編好的竹子或鐵絲圈固定好的堅實雪松木板所製成。

農家豆腐師傅常用的１升木製盒子。

木槳。

## 擠壓架

最簡單的設計，是由五根堅固的木桿或木板（掃帚、鏟子或斧頭把手也可以）放置在橫跨擠壓桶的開口處，中間留一些間隔。

若想要更堅固持久的擠壓架，可將木桿的兩處尾端切出凹痕槽，然後再用繩子綁在一起，或是在木桿的兩端用橫木連接起來也可以。

擠壓架。

## 擠壓石鎮

石鎮可以使用任何乾淨的、至少二十二公斤（最好二十五到三十五公斤）重的物體，至少有一個平面的重石是最合適的。在日本，石磨經常被拿來當擠壓石鎮使用。

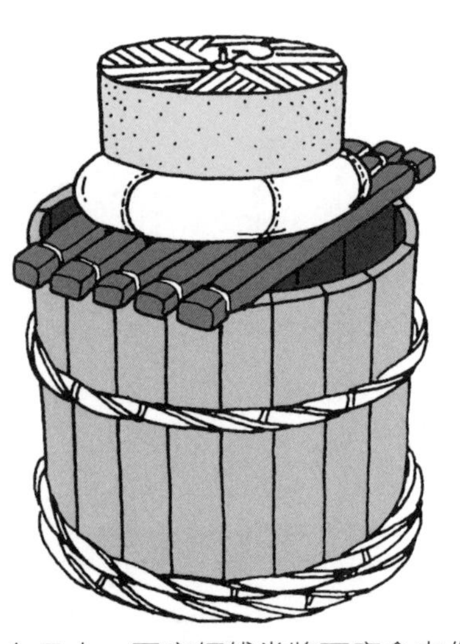

在日本，豆腐師傅常將石磨拿來作為擠壓豆汁的石鎮使用。

## 擠壓桿

稍微複雜但卻較有效率的是簡單的擠壓桿，是一根大約厚五公分、寬十公分、長一公尺的木板。不過，有些農家豆腐師傅會直接將木槳平放在擠壓袋上，用身體的重量來擠壓豆汁。

## 擠壓袋

使用未染色的棉布、麻布、尼龍或更堅韌布料自製而成的長方形袋子（例如小麵粉袋），大約六十公分長、三十五到四十公分寬，布料最好是粗織的，若布料編織得很細，豆腐渣就會很難擠壓出，會有許多殘留在袋子當中，導致最終豆腐產量減少，並損失掉豆腐中某種農家豆腐師傅所珍惜的重要特質；再者，在製作八至十批的豆腐後，袋子上的網眼也會漸漸堵住。不過，如果袋子的布料編織得太粗的話，反而可能讓過多的豆腐渣穿過袋子流到豆腐裡。

最耐用的自製擠壓袋是由稜線斜織而成的。

擠壓桿。

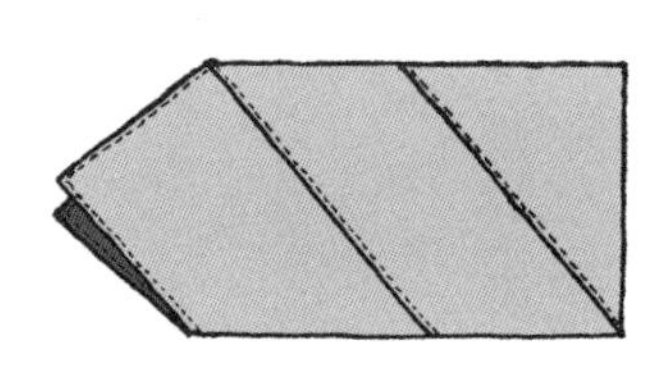

擠壓袋。

## 成形容器

為達最佳效果，請使用容量五到八公升的容器。亦可以使用二公分厚的木板（雪松木或橡木），製作內部面積深十公分、長寬約二十五到三十公分的盒子，在盒子的四個面鑽十一個直徑一公分的孔，底部則鑽十三個左右。蓋子有無孔皆可，盒子可以用釘子接合，如果不想用釘子，可以用左上圖中兩種方法之一來接合，這樣大小的盒子大約可裝八杯乾燥黃豆所製出的凝乳。大平底或圓底的濾盆也都能當成形容器使用。

## 成形容器布

最簡單的方法是用一塊柔軟的乾淨抹布或一塊五十到六十公分平方的薄紗棉布，斜對角地鋪放在正方形（或圓形）成形容器容器中。另一種讓瀝水性稍微好些並讓豆腐表面更平滑的方法，即如左下圖(2)所示，將布裁縫成數個方形並排放在成形盒中；記得將布料裁成正好與盒子配合，並且將邊緣縫合以免磨損。

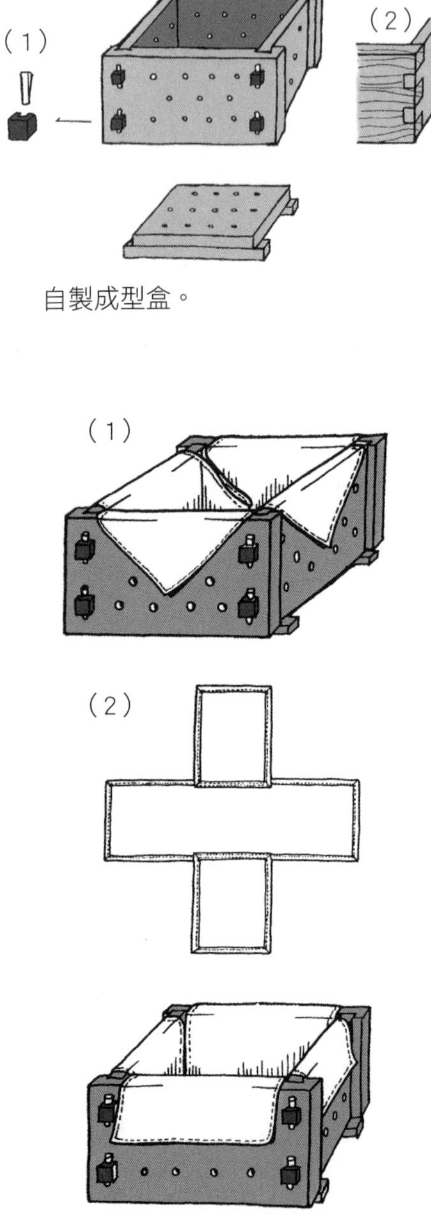

自製成型盒。

兩種成型容器布。

## 工具保養

木製盒子和桶子在使用過後要晒乾，收納在乾燥的地方。布塊以及袋子在使用過後，應該儘快用熱乳清或熱水徹底搓洗乾淨，以免豆漿漸漸將網眼堵住，洗淨後先放在陰涼處風乾，並且收納在通風良好處，以預防發霉。

## 凝固劑

日本的農家豆腐師傅習慣以海水或天然鹽鹵來凝固豆腐，但精煉製成的鹽鹵（氯化鎂或氯化鈣）如今也被廣泛地使用，其精緻的風味和前者幾乎相同。雖然我們和多數的豆腐師傅一樣，喜歡並建議使用簡單、天然的材料，然而，多處海水污染的情形使我們必須謹慎，並且建議使用精煉過的鹽鹵。

為了一些仍有辦法取得乾淨海水的人們，我們也很樂意詳細提供有關傳統農家式凝固劑的成分、製作和使用方法，同時也希望大規模環境污染的情形很快就會停止。

### 直接使用海水當凝固劑

我們非常推薦使用「乾淨的海水」當凝固劑，它的用法簡單，能製作出美味的豆腐，又不需要經過加工處理和事前準備，而且如果能直接從海邊取得，還完全不需要任何費用。

| 成分 | 百分比 |
| --- | --- |
| 氯化鈉 | 2.72% |
| 氯化鎂 | 0.38% |
| 硫酸鎂 | 0.17% |
| 硫酸鈣 | 0.13% |
| 氯化鉀 | 0.09% |
| 溴化鎂 | 0.01% |

海水擺放得愈久，就會慢慢失去其作為凝固劑的效力，所以最好是準備要使用了才收集海水，並且把它裝在乾淨的瓶子或不會腐蝕的容器中。請不要在溪流或河口附近收集海水，這個區域的海水會被稀釋得很淡，因而起不了作用。此外，也請不要使用渾濁或不清澈的海水。

全世界海水的成分因地方不同而稍有差異，一般海水樣品依重量含有上表所列成分，其他則是水。

海水含有六十種以上的微量元素，全部都具有營養價值：依照含量的多寡來排列，依序為銫、硼、矽、氮、鋁、銣、鋰、磷、鋇、碘與其他。

值得注意的是，成分當中的氯化鎂、硫酸鎂（瀉鹽）和硫酸鈣，都是效果不錯的豆腐凝固劑，廣為現代豆腐店舖個別拿來使用。用海水來凝固豆腐，這三種成分的化合作用，除了能確保不同種類的黃豆蛋白質能更完整的凝固，似乎還引出各式各樣互補的風味。

所有的海水中的鹽鹵濃度大致都差不多，因此，在知道黃豆數量的情形之下，便可以很容易知道需要多少海水來凝固豆腐，而且非常巧合的，所需的海水份量剛好等於所使用的乾燥黃豆份量。另一方面，液體鹽鹵的濃度不一而且不易測量，因此很難精確說明一份食譜中該使用多少份量才剛剛好。

所有的鹽分會溶於乳清中，而乳清會從凝乳中被分離出來，所以，用海水製作出來的豆腐嚐起來並不會讓人覺得鹹。只不過，即便豆腐在製作過程中經過擠壓，仍然不可避免會含有少量的乳清，而所含的鹽分便成了調味料，進一步的提升豆腐的風味。因此，若能夠取得乾淨的海水，請使用它來凝固豆腐，當你希望自製天然鹽鹵時，先從海水中萃取出鹽，然後再從鹽中萃取出鹽鹵。

## 天然鹽鹵當凝固劑

鹽鹵是從海水中萃取出來鹽後，所剩下含豐富礦物質的母液。所有的天然海鹽都含有一些鹽鹵，讓鹽有吸收潮濕的習性，可以從空氣中吸收並留住水分，富予鹽分些許苦味、灰色和濃縮的風味，也讓天然鹽嚐起來更鹹，比精鹽更濃烈。事實上，精煉鹽的過程主要就是將鹽鹵從天然鹽中除去，並產生含有大約99％氯化納的純白產物；精鹽通常含有碳酸鎂添加物，它與天然鹽相似的程度，就像白麵包、白米或白糖與它們的天然對應物一樣。日本將天然鹽尊稱為「波の花」，被認為是純潔的象徵，所以也在許多祭祀典禮和儀式中使用。

製作天然鹽是件既美好又有意義的事，可以讓你在海邊消磨一整天。請拿個廣口鍋到清澈的海邊，將鍋子裝滿三分之二的海水，然後用浮木柴火慢慢地煮，直到所有的水分都蒸發，只留下濕潤的固態物，然後將固態物移至玻璃罐內。

約四公升的海水，可製作出一百公克的天然鹽，其中幾乎有四分之一是氯化鈉以外的礦物質；天然鹽在不含水分的情況下，包含的微量元素如上表。

| 成分 | 百分比 |
|---|---|
| 氯化鈉 | 77.8% |
| 氯化鎂 | 9.5% |
| 硫酸鎂 | 6.6% |
| 硫酸鈣 | 3.4% |
| 氯化鉀 | 2.1% |
| 溴化鎂 | 0.2% |

使用濕潤的鹽（或天然食品店都可買到的天然鹽），就可以製作鹽鹵。製作少量的鹽鹵時，將鹽置於細網眼的竹製或塑膠濾盆中，然後將濾盆架在非腐蝕性容器（陶土、玻璃、木製或塑膠）上。

如果鹽是乾燥的，稍微灑些水，然後將鹽和容器放在一個陰涼潮濕的地方（若想要快些做出鹽鹵，放一個裝水的大碗在容器旁，用一個大塑膠袋或盒子蓋住鹽、碗和容器，形成一個增濕器）。當鹽從空氣中吸收水分時，略帶淡紅色的鹽鹵濃縮液體，會開始滴進空容器中；幾天後，依鹽分及濕度而定，應該會有足夠的鹽鹵可以將八杯黃豆製成豆腐了。

製作大量的鹽鹵時，取至少五公斤（最好二十到五十公斤）的海鹽，將鹽放在一個潮濕的袋子中（例如麵粉袋或粗麻布袋）、一塊棉布或亞麻布上，拉起四個角形成一個袋子，並把它吊在一個大容器上，如果這個容器很堅固而且是寬口的，則可置於平放了數片板子的容器口上。整個裝置請放在陰涼潮濕的地方，讓鹽鹵分解出來。

在傳統的日本農家中，大約五十公斤未精煉的海鹽會被放置在一個稻桿編成、長九十公分、寬七十五公分的袋子裡，然後直接放在稱為「鹽船」的特製木容器上，或是吊在農家椽子下的空木桶上。這些袋子幾乎一整年都在工作，因為農夫一邊精煉鹽的同時，也一邊在收集珍貴的鹽鹵，如此一來，從海邊鹽田買來的天然鹽就能被完全利用，沒有浪費任何東西；精煉的過程也沒有消耗任何能源。

使用竹編濾器來製作天然鹽鹵。

鹽船。

這種鹽鹵是用來凝固自製豆腐，而海鹽最頂部被充分瀝乾的部分，則用來製作自製味噌和醬油，以及調理餐桌上的菜餚。最下面仍含有少量鹽鹵的部分則會用來醃醬菜，因為農夫們發現鹽鹵能讓蔬菜（如蘿蔔）及水果（如梅子）有更脆嫩的口感、更結實的外皮和更佳的風味。在鹽鹵最能被快速收集的溫暖潮濕月分裡，經過幾個星期之後，四十公斤未精煉的天然鹽（第五級的鹽）會產生五十到一百公升的液體，其通常含有上表成分（不包括水分）。

| 成分 | 百分比 |
| --- | --- |
| 氯化鎂 | 31% |
| 氯化鉀 | 2% |
| 硫酸鎂 | 2% |
| 氯化鈉 | 1% |

這樣我們就能看得出來，為什麼精煉的氯化鎂與天然鹽鹵可以讓豆腐產生幾乎一樣的風味。

使用天然鹽田的精煉鹽廠（例如美國的萊斯利鹽業公司）也有提供天然鹽鹵，這樣的鹽廠在精煉鹽的過程中會產生大量的副產品——就是鹽鹵。雖然美國食品藥物管理局尚未通過將這種鹽鹵用於食品中，但這種鹽鹵是以天然的過程精煉處理而得到的。由於海藻會吃掉鹽田裡所有的有機物質，鹵蟲（豐年蝦）又將海藻吃掉，所以在將鹵水製成鹽前，會先小心將蝦子取出。這種鹽鹵多數以一油罐車的數量來販售，作為工業用途來製造氯化鎂、鎂金屬、瀉鹽、鉀或溴，或是用來清除路上表面的結冰；此種鹽鹵四公升重達四公斤，在固態下的成分按重量依序如下頁的表格。

在二次世界大戰開始前，有超過一千年的時間，幾乎所有日本農家和豆腐店，以及多數中國靠海一帶所製作的豆腐，都是用天然鹽鹵來凝固豆腐的。鹽鹵的日文是由「苦汁」這兩個漢字所組成，在日本為人所熟悉並且廣泛被使用，意思是苦和汁液；它與天然海鹽、鹽漬醬菜、豆腐的關係存在已久。

| 成分 | 百分比 |
|---|---|
| 氯化鎂 | 11.8% |
| 氯化鈉（一般鹽） | 6.9% |
| 硫酸鎂 | 6.7% |
| 氯化鉀 | 1.8% |
| 溴化鉀 | 0.2% |

氯化鎂，是鹽鹵中主要的活性成分，能夠將豆漿中的黃豆蛋白凝固形成豆腐——以化學術語來說，雙化學鍵的鎂正離子與蛋白質中雙化學鍵的負離子結合，形成一個富饒又美滿的組合。

戰後，日本多數的鹽鹵和天然鹽是由雨量少、日照充足，而且平均氣溫高的沿岸鹽場，利用曝晒蒸發法來製造生產。做法是古老的「上升海灘」法：在大熱天裡，鹽民將海水挑入一個吊在扁擔兩端的大木桶裡，然後將海水灑在以厚沙鋪在硬泥土上的小平地（二十世紀早期，鹽田都建在海平面上，以灌溉系統引入海水），在濕潤的沙子裡，海水藉著毛細作用上升至平地的表面，蒸發形成鹽結晶。

接著，將鹽結晶收集在一個雙層的瀝缸（由竹製的淺盆固定在一個稍微深的大缸上）當中，上頭用稻桿編織的墊子覆蓋著。將有鹽結晶沉澱的沙子放在瀝缸上，倒上海水，鹽便溶解流入底部成為濃縮的鹵水，充分瀝乾的沙子則再撒回平地，並用耙子耙平。

將鹵水移到一個大鐵鍋裡，用小火慢煮，將水分蒸發掉，當鹵水的濃度增加時，氯化鈉（一般鹽）便達到飽和並且在鍋子底部結晶，接著，用一個淺的過濾器舀出結晶體，放入一個編織得很細的竹籃裡，這個籃子放置在連著大鐵鍋邊的瀝板上，如此一來，鹽裡頭的汁液（鹽鹵）就會流回大鐵鍋中。之後，將充分瀝乾的鹽放入一個深一百八十公分的雙層瀝缸中，它比用來洗沙子的缸來得大。讓鹽瀝乾一星期左右，留在大鐵鍋裡的液體就是新鮮鹽鹵。

充分瀝乾的鹽會被分為五個等級：在瀝缸中上層、被瀝乾得最徹底並含有最少量鹽鹵的，被認為是最好的等級而且售價很高，而底部的第五級相當濕潤且帶有苦味，售價很低，通常會被農家再進一步精煉。取出鍋中所有的鹽後，殘留在大鐵鍋的鹽鹵會在冷卻後放入一個徹底風乾過的雪松木桶裡，運送至日本各地的豆腐店；有時候，會用小火慢慢煮鹽鹵使之濃縮至現在濃度的兩倍，甚至變成固體為止，因為輕盈、濃縮（固體）的鹽鹵比較容易運送，可以用較為低廉的價格販賣給豆腐師傅。

隨著全國各地簡樸的鹽場逐漸被大型工業化的工廠取代，較低等級的鹽慢慢地消失了。一九三一年，第四、第五級的鹽就再也買不到了。二次世界大戰結束時，所有日本製造的鹽不是第一級就是第二級，這代表所有的鹽民不再自行生產鹽鹵。雖然有些農家豆腐師傅開始向商家訂購鹽鹵，但此時農家豆腐已經慢慢地開始在日本消失。

在美國和日本，可用低廉的價格向天然食品批發商購得食品級的天然鹽鹵，通常是以固體形態販賣；它粗糙粒狀的質感近似海鹽，顏色棕褐偏灰，放入冷水不到一分鐘便溶解。我們可視豆腐的數量精確算出固體鹽鹵的份量，液體鹽鹵則視其濃度而定，四百五十克的固體鹽鹵可凝固約同樣份量的豆腐，一般液體鹽鹵則需六杯半，或是五十公升的海水——這就是為什麼日本大多數農家及豆腐店寧可使用鹽鹵而不使用海水。

## 精煉鹽鹵

由於目前海水污染的程度和取得食品級天然鹽鹵的困難度日益增高，所以多數日本農家豆腐師傅、東亞和美國各地的許多豆腐店都使用精煉鹽鹵（氯化鎂或是氯化鈣），粒狀及結晶狀的白色固體都有賣；雖然兩者都可以引出幾乎一樣的天然甜味及香味，但氯化鎂讓豆腐的風味稍微更接近傳統、天然製品一點，而氯化鈣所製成的豆腐則因含有豐富的鈣而受重視；以農家產量來看，這兩種都可以較快地將豆腐凝固，而且比接下來要提到的兩種凝固劑更容易使用。

## 硫酸鈣和硫酸鎂

此兩種凝固劑與柴火上之金屬鍋煮的豆漿一起使用時，可製作出味道溫和卻美味柔軟的豆腐。在中國，用天然硫酸鈣（石膏）來凝固豆腐的作法已有兩千年——雖然日本農家豆腐師傅從未使用過，但它現在是最廣為世界各地豆腐店所使用的凝固劑。天然硫酸鈣被普遍接受，是由於它能製作出較多量的豆腐，而且簡單又快速，有利於營利（鹽鹵讓豆腐產生的固態物及營養成分，與用鈣和鎂所能產生的一樣）。雖然目前天然石膏的純度已達97%，但剩下的部分可能含有鉛及其他雜質，使用食品級且有保證的天然石膏較安全。

無論用哪一種凝固劑，都只要加入足夠凝結豆漿的量即可，加太多產量會減少，而且完成品會相當硬、粗糙而易碎，豆腐表面會比較不滑嫩且較無光澤，甚至還會有小洞和氣泡袋，也會稍微有些苦味（豆腐從成形盒取出時立刻浸泡在冷水中，可減少這些苦味）。如果你看到煮鍋中的凝乳跟鍋邊分開了，而且中間的空隙布滿了黃色乳清的話，那就表示你可能加入太多凝固劑了。

## 製作農家豆腐

黃豆……………………8杯

水…………………………20公升

凝固劑

＊如果想製作微甜的鹽鹵豆腐：使用3湯匙固體粒狀的氯化鎂或氯化鈣；或是2至4湯匙的粒狀或粉末狀的天然鹽鹵；或是2½至5湯匙的自製液體鹽鹵；或是3至8湯匙市售液體鹽鹵；或是8杯新鮮海水（新鮮收集）

＊如果想製作味淡的柔軟豆腐：使用3湯匙的瀉鹽（硫酸鎂）或硫酸鈣

＊如果想製作微酸的豆腐：使用1¼杯新鮮榨好的檸檬汁或萊姆汁，或是1杯（蘋果）醋

## 前一日的準備

製作豆腐的前一晚，將黃豆放入擠壓鍋中用水沖洗，用木槳或手劇烈攪拌後，放在濾盆上瀝乾，接著再沖洗一次並瀝乾。在擠壓鍋中混合洗淨的黃豆與六公升的水，浸泡八至十小時（天氣很冷時要浸泡十五至二十小時）。

若使用柴火，最好使用橡木或其他有香味的硬木。準備好烹調的場所，並鋪設好爐火（先不要點燃）。將擠壓鍋、袋子和架子沖洗乾淨之後，把袋子和架子放在擠壓鍋中，鍋子放在距離爐火二公尺遠的地方。

將成形盒的布弄濕鋪在盒底及四邊，察看布塊是否與容器內的四個邊、角落緊密貼合並且沒有大皺褶，將容器放置一旁備用。

## 研磨黃豆

將泡好的黃豆倒在濾盆上，在水龍頭下沖洗乾淨，然後瀝乾。點火並蓋上煮鍋的蓋子，開始加熱十八公

升的水。與此同時，將二杯半泡好的黃豆與二又三分之二杯的水在攪拌機中混合，以高速攪拌二至三分鐘或直到滑順，再把豆汁移至豆汁容器中；重複此步驟，直到用完所有的黃豆。若使用食品攪碎機或絞肉機來研磨黃豆，研磨時不要加水，在煮鍋中多加五・五公升的水即可。

## 烹煮豆汁

當煮鍋中的水快煮開時，自鍋中取四公升的水加入另一只熱水鍋裡，然後將豆汁加入煮鍋裡，再用熱水鍋中少許的熱水，清洗豆汁容器並將攪拌機殘留的豆汁涮出來。

小心不要煮過頭，用大火加熱，不時用木槳攪拌鍋底，以防黏鍋。當有泡沫突然竄出鍋子時，快速將鍋子離火（使用鉗子或罐子將鍋底下的火移開）或關火。

## 擠壓出豆漿

將擠壓鍋放在煮鍋旁，把擠壓袋口打開並壓放在擠壓鍋中，舀出熱豆汁倒入擠壓袋中，用一點點熱水沖涮煮鍋並倒入袋子中。將袋子從桶子裡提起來，迅速將擠壓架平放在桶子口。

把袋子放在架子上，扭緊袋口並摺放在袋子上面，把一個沉重的擠壓石鎮平壓在袋子中央「領口」上擠壓二至三分鐘（或用擠壓桿來擠壓袋子）。用全身的重量，再擠壓約一分多鐘，儘可能擠壓出豆漿。

移開石鎮，彈一彈袋子，使豆腐渣變鬆，在架子上將袋子打開並從熱水鍋裡舀四公升熱水倒入袋中，弄濕所有豆腐渣的表面，稍微用木槳或勺子攪拌後，將袋子扭緊再擠壓二至三分鐘。打開袋子，將豆腐渣集中到袋子一角，再扭緊，擠壓一至二分鐘，直到再也沒有豆漿滴入擠壓鍋。

再彈一彈袋子，讓豆腐渣變鬆，倒入豆汁容器中。徹底弄乾熱水鍋，並量好凝固劑備用。

## 煮開豆漿

將煮鍋刷洗乾淨，放回火爐上並倒入豆漿，添加燃料，使至中大火，把豆漿煮開，並用木槳攪拌鍋底，防止黏鍋。將火降至中火煮五分鐘，然後關火（或蓋上鍋蓋，鏟掉鍋了下方所有的燃木或炭火）。

## 凝固豆漿

將一．五公升的水加入熱水容器裡的凝固劑（如果你是用海水，請不要加水到海水中），用木槳或勺子順時鐘攪拌豆漿，形成一個漩渦，將木槳靠在煮鍋邊，槳葉側面對著豆漿渦流，並在木槳「上游側」（註：由於原本是順時鐘攪拌，所以漩渦是由木槳的左側向右側流，故上游側是指木槳的左邊）倒進二杯凝固劑溶液（從豆漿表面三十公分高的地方倒入，讓凝固劑擴散到鍋子底部）。

接著，將豆漿以逆時鐘方向攪拌一圈，將木槳筆直地在豆漿中停下，等到所有的湍流消失後，才取出木槳。接下來，在豆漿表面上灑二杯多的凝固劑溶液，蓋上鍋蓋，靜置四分鐘，等待凝乳稍微凝結。

再攪拌一下剩下的二至三杯凝固劑溶液，打開鍋蓋，將溶液灑在豆腐表面上。以非常緩慢的速度攪拌凝結中的液體表層三十公分處三十到四十秒，再蓋上蓋子。靜置五至六分鐘（使用硫酸鎂或硫酸鈣則靜置八至十分鐘）後，打開蓋子，再度攪拌表層三十到四十秒，直到液體凝結（白雲般的凝乳應該飄浮在清澈淡黃色的乳清裡），若還有尚未凝結的乳狀液體，靜置三分鐘，再溫和攪拌直到凝結。如果乳狀液體還是不凝結，再將原來份量四分之一的凝固劑溶於二杯水中，直接倒入未凝結的部分中，溫和攪拌直至凝結為止。

## 豆腐的成形

將擠壓鍋置於煮鍋旁，把擠壓架平放在擠壓鍋口上，並將鋪好布的成形容器放在擠壓架中央備用。

接著，用一塊濾布包覆住一只濾盆外層表面，再把濾盆放在煮鍋中的液體表面上，讓它慢慢浸入直到裝了半滿的乳清。將濾盆裡所有的乳清舀進成形容器中，讓平鋪在成形容器的布塊變濕潤，將重〇・五公斤的濾盆石鎮放在濾盆中間約一分鐘，當濾盆裡幾乎裝滿乳清時，移開石鎮並將乳清舀入擠壓鍋。將濾盆移到煮鍋內還有乳清的地方，放上石鎮，重複地將乳清舀出去，當大多數乳清都從凝乳表面去掉後，移開濾盆，置於一旁。

迅速弄平成形布上的皺褶，將凝乳及所有剩餘乳清一次一層舀入成形容器中，用少許水涮出鍋中殘餘的乳清，並倒入成形容器中。

將布邊整齊折放在凝乳上，在布的上面蓋上蓋子，再將約二公斤重的石鎮放在蓋子上約五分鐘，接著將石鎮的重量加到四公斤，擠壓三十到四十分鐘，直到成形容器不再有乳清滴出。

## 取出豆腐

移開豆腐上面的石鎮和蓋子。如果使用底部可移動的成形盒，則是將四個邊抽掉，讓布包好的豆腐放在盒底（見第148頁圖，圖左）；假使是不可移動的底部，讓蓋子放在豆腐上並將盒子倒過來，如此一來，布包好的豆腐就會倒扣在蓋子上（見第148頁圖，圖右）。

先讓豆腐冷卻十到十五分鐘，再小心地將布打開，當豆腐冷卻至室溫時，便可食用。食用前也可先冰起來，豆腐的食用、保存方法，以及豆腐渣和乳清的使用方式同「在家自製豆腐」（見第138頁）。

## 大量製作農家豆腐

在有些農家裡，通常一批豆腐是由四十杯乾燥黃豆所製成的，這是基本方法份量的五倍。使用的煮鍋鍋口直徑約一公尺、深五十公分，並以傳統推挽式石磨或小型電動研磨機將泡好的黃豆研磨成豆汁。

若使用本島方法（即一般農家和豆腐店最常使用的），在將煮好的豆汁舀入擠壓袋裡時，會用柳條或竹製支撐物將袋口撐開，如此一來，你就不需要幫手。

接著，使用消泡劑用的攪拌木條來擠壓袋子裡的豆腐渣。然後，再將已稍微稀釋過的鹽鹵拌入擠壓桶裡的豆漿中，把乳清清除後，將凝乳舀入放在大鐵鍋上之擠壓架上的成形盒中，然後用一個三公斤的重物擠壓一小時左右即可。

用推挽式石磨磨黃豆。

將煮好豆汁舀入擠壓袋。

擠壓豆腐渣。

將鹽鹵拌入擠壓桶。

將凝乳舀入成形盒，重壓等待豆腐成形。

## 島嶼方法和本島方法的差別

一般而言，多數日本農家和豆腐店所使用的「本島方法」，是製作傳統農家豆腐的主要方式，至於本章主要介紹的「島嶼方法」，則被認為是罕見、僅有某個小圈子才在用的神祕方法，而且多數專業豆腐師傅都不知道它的存在。此兩種方法的主要不同之處可概括如表格：

| 島嶼方法 | 本島方法 |
| --- | --- |
| 在鍋中稍微煮過豆汁。 | 在鍋中徹底地煮好豆汁。 |
| 不使用消泡劑。 | 拌入消泡劑三次。 |
| 榨取豆漿，倒回鍋子徹底煮熟。 | 榨取豆漿，並留在擠壓桶中。 |
| 在豆漿仍滾燙時便在鍋中凝固。 | 趁豆漿還溫熱時在桶中凝固。 |

對於正在學習製作豆腐並且希望一次只煮一個大鐵鍋份量就好的人來說，採用「島嶼方法」有三個基本的優點：

＊無須使用消泡劑。

＊可使用一個較小的煮鍋。

＊可用更快、更容易的方式凝固豆漿，並使用較少份量的凝固劑。

本島方法最主要的優點是，當製作第一批豆腐的豆漿正在擠壓桶中凝固時，就可以製作第二批豆腐了；雖然島嶼方法亦可，但豆漿得在凝固前倒回擠壓桶中才行（註：原本島嶼方法是在煮開豆漿後便在鍋中凝固）。海水或鹽鹵皆可作為這兩種方法的凝固劑，不過，前者通常用於島嶼方法，後者則多用於本島方法。

煮豆汁時，有三種消泡劑可以用來防止泡沫形成並溢出（本島方法才有用）：多數農家豆腐師傅使用稻糠，其中含有豐富的天然油；第二是使用冷水；專業師傅則使用一等份的食用油——最好是油炸豆腐好幾次後的回鍋油——加上一等份磨成細末的石灰或其精煉過後的副產品：碳酸鈣。

採用本島方法製作豆腐時，使用的工具與島嶼方法一樣：一個厚底且容量至少三十公升的鍋子，和一根直徑約二．五公分、長四十五公分的木條（或是劈開的竹子），用來拌入消泡劑。最好使用木製的擠壓桶，使用的材料與方法都一樣，除了：

1 在加入豆汁之前，不要將四公升的熱水從煮鍋裡倒出來，用整整十八公升的滾水來煮豆汁。

2 煮鍋中的豆汁第一次滾過後即轉小火，泡沫冒起時，在泡抹表面撒上一至二杯冷水或一至二湯匙的稻糠，同時用木槳或大匙溫和地攪拌（或將攪拌木條伸進石灰和油的混合物中，直到前端二．五公分處沾滿混合物，再拌進豆漿）。煮開豆汁兩次，每次都攪掉泡沫，再用微火煨約五分鐘。

3 將豆汁舀入擠壓袋並徹底擠壓豆腐渣，省略沖洗及再擠壓豆腐渣的步驟。

4 將凝固劑的份量提高15%左右，來配合溫度較低的豆漿，將凝固劑溶於二公升的溫水或熱水裡，然後立刻加入豆漿。

5 加入所有凝固劑後，在冒出乳清前讓凝乳在蓋上蓋子的桶裡靜置十至二十分鐘。

## 豆腐達人私藏祕訣

1 **黃豆浸泡的時間視水溫而定**：可參考左下表。如果水面上冒出小泡泡，就表示黃豆泡太久了。將黃豆縱向剝開，並用指尖檢視豆子內部，如果豆子剝開後的兩瓣表面平坦，而邊緣的顏色與中間一樣，並且橫向剝豆子也很容易的話，表示黃豆浸泡的時間是正確的；若豆子剝開後的兩瓣表面有點凹陷，而中心的部分比邊緣黃，並且豆子剝開後的兩瓣易彎曲且有彈性的話，則表示豆子泡得不夠久。

2 **使用手動式石磨時，如果能一個人轉石磨、另一個人舀豆子和水，研磨黃豆便會進行得快速又容易**：首先，將洗淨的石磨放在豆汁桶上的研磨平臺上，將裝著泡好且洗淨黃豆的濾盆和一鍋水一起放在豆汁桶旁，用一個小杯子或勺子，每次舀取半杯黃豆到石磨上面的洞中，讓上面的洞裡及石磨凹進去的部分裝著黃豆，再倒入四分之一杯的水，以一圈

浸泡黃豆的時間

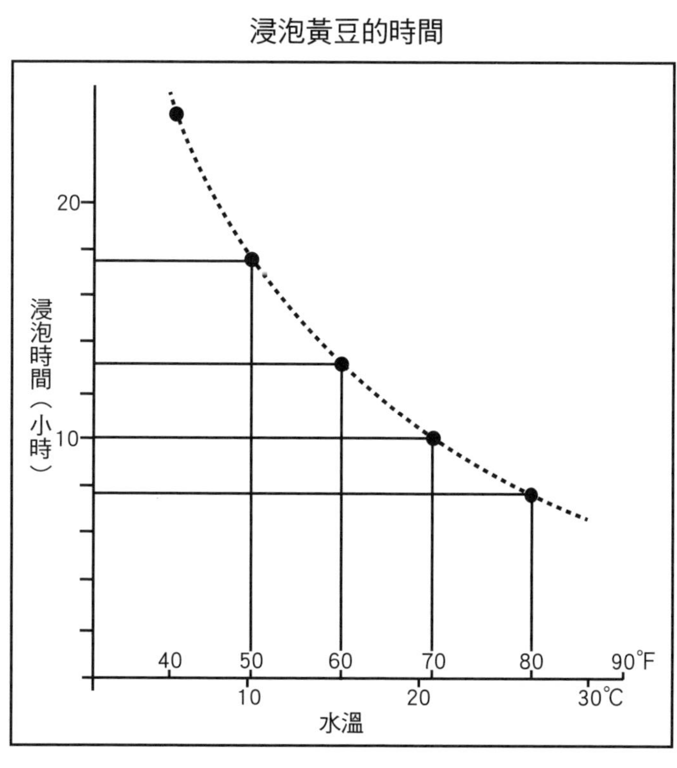

約一至二秒的速度順時鐘方向轉動石磨，約轉八到十圈後（或直到洞裡的黃豆幾乎都被碾碎），再加入另一批黃豆和水。如果水加得太多，豆汁會很稀且含有一塊塊沒研磨到的豆子；若水加得太少，豆汁會變得很濃且像漿糊，讓石磨變得很難轉。如果輪子上面的洞太小或使用的水太少，黃豆可能會堵在洞裡，必須用手將之戳開。豆汁的質地愈滑順細緻，豆腐的產量愈高；如果豆汁裡有一坨坨黃豆，就必須重新研磨（不需再加水），研磨八杯黃豆約需要四十五分鐘，在結束前五至十分鐘點燃柴火。

3 **將凝固劑加入豆漿**：每個農家及商家的豆腐師傅都有自己獨特的方式來加入凝固劑，有些師傅會畫圓攪拌，有些則是前後來回攪拌；有些快速攪拌，有些緩慢攪拌；有些一次加入全部的凝固劑，有些則分成兩次或三次；有些從豆漿表面十五至三十公分高的地方倒入凝固劑，有些則輕輕地將凝固劑撒在豆漿表面，還有人兩種方法都用。許多人沒有先用水稀釋就直接加入濃縮的液體鹽鹵。採用島嶼方法的豆腐師傅會先將豆漿倒回大鐵鍋裡煮開，再加入凝固劑，而採用本島方法並希望連續製作數批豆腐的師傅會將溫熱的豆漿先倒入擠壓桶，再拌入凝固劑。

4 **製作產量較高且更柔軟的豆腐**：使用硫酸鎂或硫酸鈣所得到的豆腐產量，會比其他凝固劑提高10％到20％。從凝乳中取出較少的乳清，慢慢並小心地將凝乳舀入成形容器中，在所有凝乳都舀入盒子裡之後，先靜待五分鐘再擠壓，然後將重物的重量加倍並擠壓十五至二十分鐘，在水中將豆腐從盒子裡取出切塊，放在水中冷卻十五至二十分鐘後才食用。

PART 2

# 豆腐化身

豆乳豆皮豆渣渣，
冷烤炸凍湯豆腐，
嚐之有餘美，
千面人生味。

CHAPTER 5

# 黃豆

原粒黃豆是一名豆腐師傅展現手藝的最重要材料，豆腐師傅每天的最後一件工作，就是用一個特殊量器（見第75頁右下圖），量取五十七至七十六公升的黃豆，放入一個有黃銅桶箍的雪松大木桶中洗滌，然後浸泡隔夜。

這個量器的四角精密地銜接著，一面印有帶來幸運的神明圖像，其中一位是惠比壽，他是工匠、商人和漁民之神，代表辛苦工作討生活的刻苦勞動者；另外一位是大黑（或稱「大黑天」），是快樂之神，同時也是財神，這個富有的快樂神甚至不計較老鼠咬爛他的穀袋。

就這樣，豆腐師傅結束了一日的工作，而他和黃豆就住在同一個屋子裡。

## 豆腐之父

要談豆腐，就一定得從黃豆的故事說起。

黃豆的正式學名是*Glycine Max*，屬於豆莢科。黃豆植物約六十公分高，有著木質的莖及三片一起的葉子，葉、莖和豆莢這三部分被褐綠色的軟毛所包覆，而它的種籽，也就是黃豆，則長在豆莢中，通常會有三到五個黃豆莢串在一起，挨著莖幹長出來，每一株莖約有十五個豆莢，每一個豆莢內約有二到三顆種籽。

新鮮的黃豆與青豆有著類似的顏色和大小，當人們將黃豆從土裡拔起後，會立刻除去葉子捆成一束，然後一大捆、一大捆的拿到市場裡販售。

一般家庭主婦會把豆莢拿來烹煮，剩下的莖則當燃料。新鮮黃豆非常易於消化，又含有超過12%以上的蛋百質，一百公克的份量可以提供一個成人每日所需蛋百質的40%，而它的維他命C含量可媲美橘子，維他命$B_1$的含量也很豐富。成熟和乾燥過的豆子呈現棕黃色、米黃色或黃色，有些不同種類的黃豆會呈現黑色、棕色、綠色或混著二種顏色。

除此之外，黃豆芽還是全世界最好的減肥食物之一，它每克蛋白質中所含的卡路里比任何一種蔬菜都要低。儘管綠豆芽是西方及亞洲最受歡迎的豆芽，但黃豆芽既便宜又美味，而且容易在家中自製。大部分的黃豆芽都有著鮮黃色的黃豆及豆苗根，這些根在五到七天便能長出八至十三公分長。

黃豆是豆類植物，也就是豆莢科植物（例如豌豆、扁豆）的種籽。這些植物與根瘤菌有著共生的關係，而根瘤菌會在植

黃豆樹。

物的根中形成根瘤，並從空氣中吸取氮氣（蛋白質不可缺的的基本元素），再將氮化為氨而被植物利用，如此一來便不需要過多的氮肥。因此，早期美國的大豆植物多半被當成「綠色肥料」，直到今天，農夫仍然會在收成黃豆之後，把剩餘的根莖部分犁到土壤裡頭，以製造含有豐富氮的腐植質土壤。

由於大豆植物很容易在小菜園或窗臺上的小花臺裡種植出來，因此，大豆植物一直被有機和生機園藝者所喜愛。

## 黃豆祖譜

那麼，「黃豆」這名字是從何而來的呢？

現今中國人稱黃豆為「大豆」，日文中亦有同樣的寫法，並讀作「daizu」。很顯然地，這兩個文化所用的字詞，都不是以「soy」這個字組成，但中文字典在西元初期便記載著，大豆稱為「sou」（註：可能是指「菽」）；另一方面，日本把醬油讀作「shouyu」，因此，英文的黃豆這個詞形變化，可能是源自於日文的醬油或大豆的古中文。

黃豆植物的起源已因傳說而變得模糊不可考，再加上東方人一向將值得尊敬的事物都歸為先人所贈與，因此，傳說黃豆是由古代的賢人和明君賜予後代子孫的。在這許多的神話、傳說和歷史中，都反映了一個共同的期許——讚揚黃豆對人類的貢獻。

從黃豆的分佈地區來看，它應該是起源於東亞，不是中國北方就是蒙古地方。傳說，黃豆是人類最早種植的作物之一，在有文字記錄前，便已被大肆耕種並倍受重視了好幾個世紀。

根據一本十八世紀時的中國百科全書記載，黃豆的發現要歸功於兩個五千年前的神話人物——虞舜和共工氏，至於他們發現的是黃豆莢還是黃豆，那就不得而知了。另外一個較廣為人知的說法是，在西元前二八三八年，中國當時的皇帝神農氏寫了一本有關中國植物的藥書，內容包括了對黃豆的描寫及其藥用性質，而關於黃豆最早的文字記載則是在西元前二二〇七年，中國農務專家詳細地提出了有關種植黃豆和泥土選擇的技術性建議。

根據可靠的史料記載，黃豆在漢朝（西元前二〇六年至西元二二〇年）前就已有種植，並且在西元前二世紀時就用來加工製作成食品，據說，是當時的淮南王劉安發現了製作豆腐的方法。根據六世紀彙編而成並被喻為人類最早農務百科全書的《齊民要術》卷十之記載，黃豆是由開啟絲路的張騫最先帶入中國的，他是最先接觸到希臘、羅馬與印度的偉大探險家。

黃豆是在六到八世紀時，從中國北部或滿州地區，經由韓國進入日本，跟佛教傳入的時間一致（日本在新石器時代遺跡就發現有燒黑的黃豆與去殼的稻米，顯示黃豆可能在有文字記載之前就流傳到日本了）。在兩本日本最古老且著名的文獻中都有關於黃豆的記載，分別是西元七一二年的《古事記》以及西元七二〇年的《日本書紀》。奈良時代的記錄顯示，製造黃豆產品（如味噌和原始的醬油）必須被政府抽稅，顯示黃豆在當時日本人的生活中已經相當重要。

早在西元初期，黃豆已經與稻米、大麥、小米和玉米並列為中國人重要的「五穀」（註：稻、麥、粟、黍、菽），但黃豆其實並不屬於穀類，因此有些學者認為不需要弄個這麼冠冕堂皇的稱號。然而，靠天吃飯的亞洲人卻意識到人類對這些基本農作物的依賴，他們對五穀的神聖情感，源於人們與五穀的相互關聯，以及對它們的感激，而這也決定了他們與黃豆及其他基本食物的關係。

日本至今仍存在著對黃豆食品的神聖情感：豆腐、味噌和醬油的日文通常皆要冠上敬語字首「お」音表示敬意，他們不說「とうふ」，而是說「おとうふ」，意思是「可敬的豆腐」。

烘炒過的黃豆是日本最古老也最常見的洗罪慶典儀式之一，日本農曆上冬季的最後一天（註：節分，立春的前一日），每戶人家和寺廟都會將這些被稱作「福豆」的炒黃豆，拋撒在每個房間內，然後在寒冷的黑夜裡將黃豆扔出窗外，一邊叫喊著「鬼在外，福在內」，然後在春天來臨的第一天食用。

除此之外，外層裹著數層糖衣、澱粉和海苔的煎黃豆叫做「三嶋豆」，被當作一種甜食，而沾鹽烤至酥脆且變成棕綠色的青黃豆則叫「囲炉裏豆」。

## 廚房裡的國王

現在，黃豆已變成日式廚房裡的國王！

豆腐、味噌及日本醬油的誕生，引發了日本全國的和式料理革命，當日本的美食鑑賞家說起這類食品之時，都會用評賞美酒般的字詞來形容。傳統的豆腐師傅總愛說，是他們完美的手藝將黃豆的美味引出來，我們一再地聽到他們向世人宣告：「只有鹽鹵才能將國產黃豆最甜美的味道、最精緻的香氣表現出來。」當每年秋末新收成的黃豆抵達豆腐店之際，醉心豆腐之士都會和法國酒商一樣，搶先品嚐並鑑定第一批做好的豆腐。

許多日本人會在自己的蔬菜園裡種植黃豆，而多數的黃豆是被散種在區隔稻田的小田梗上，長久以來，一直為人們所熟知的優良品種是「鶴之子黃豆」或「大袖振大豆」。

## 納豆

除了豆腐、味噌及醬油，日本每年約有五萬噸的黃豆用來製作納豆，這個數字是味噌或醬油的四分之一。

納豆的製作方法，是把浸泡過的黃豆蒸至熟軟後，注入納豆桿菌，讓黃豆在潮濕及四十度的環境下發酵十五至二十四小時。這種深咖啡色的豆子有種強烈且獨特的味道，表面質地黏滑，用筷子從碗裡夾起時，有點像某些溶化的起司，形成蜘蛛絲似的「拉絲」。

雖然整粒的黃豆比較難消化，但納豆的複雜蛋白質分子在發酵過程中已被菌種破壞掉，所以變得非常容易消化。一粒完整的天然納豆含有16.5％的蛋白質，以及豐富的維他命$B_2$、$B_{12}$和鐵質。

在日本或西方的日式食品雜貨店，納豆是以稻草包成的小包來販售，因為稻草包是納豆接觸到細菌而發酵的傳統方法。

濱納豆則是一種獨特的納豆種類，除了表面灰黑、光滑且柔軟外，它看起來很像像葡萄乾，並帶有宜人而微鹹的風味，與鬆軟的八丁味噌有點相似。濱納豆在中國也十分普遍，被稱作「豆鼓」。另一種類似的納豆叫大德寺納豆，由京都的大德寺所製作。

納豆有許多不同的食用方式，可以放在飯或粥上作開胃菜，也可以加入味噌湯或和式涼拌菜（和え物）之調醬，或是煮蔬菜時讓清淡的菜色增添一些風味。

納豆。

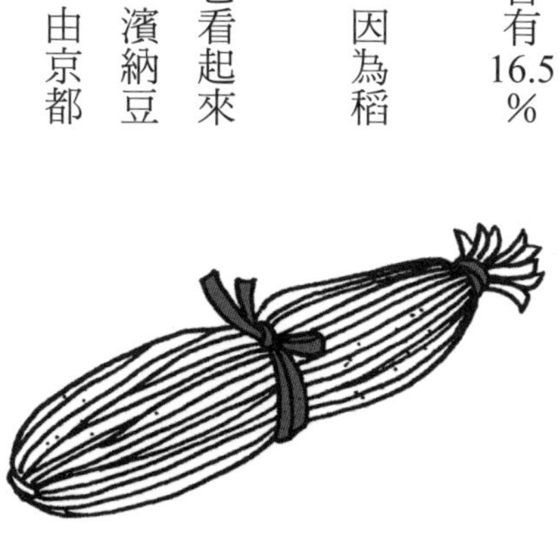
稻桿包著的納豆。

# 由日本傳入西方

除了滿洲地區，亞洲國家一般都不會大量壓榨黃豆來萃取油，也不會烤、煮或磨碎黃豆製成麵粉，他們很早就發現了，只需利用簡單工具及過程，有很多方法可以將黃豆製作成美味的食品。在中國出現了近一千年之後，黃豆流傳到了日本，經過另一個一千年後，日本把中國幾種基本黃豆食品變化出更多不同的美食。最後，在二十世紀初，日本首度將黃豆裝運出口到西方國家，當黃豆遇上了西方獨特的烹煮、種植與食物處理手法之後，正式進入其漫長歷史的另一階段。

德國植物學家恩格爾博特・坎普法（Engelbert Kämpfer）於一六九〇到一六九三年在日本逗留了三年，是首位學習和撰寫有關日本黃豆食品的西方人。

第一小批黃豆種籽樣本在一七九〇年抵達西方，並且被種植在英國的植物園內。黃豆在工業革命初期來到西方這件事，對於它日後在西方是如何被使用有著深遠影響。一八〇四年，美國版的《國內百科全書》（註：這本百科全書的主題主要是家庭和農業資訊，最初是一八〇二在倫敦出版的，美國版的第一版則是在一八〇三於費城出版）中，首次提到了黃豆。一八五四年，培理遠征隊（Perry Expedition）從日本帶回兩種不同品種的黃豆。一九〇八年，第一批由亞洲裝運出口到西方的黃豆被運到英國，這批黃豆被用來榨油製作肥皂，而黃豆粗粉則用來作為乳牛的飼料。雖然這些做法跟當時的亞洲大不相同，但卻毫無改變地保留至今。美國的首批黃豆也不是給人類食用，而是被當作飼料或綠肥。第一次利用小批黃豆來提煉油，則是從一九〇〇年開始的。

美國黃豆協會於一九二〇年成立，一九二二年時，伊利諾州的德卡圖已經成為全美黃豆加工中心。一九二三年，查爾斯・派珀（Charles Piper）和威廉・莫爾斯（William Morse）撰寫了第一本詳細介紹黃豆的英文書籍《黃豆》，基於對所有東方基本黃豆食品的強烈興趣，他們仔細地學習這些食品的烹調方法，並將西方的黃豆食譜大量列於書中，藉由卓越的洞察力，他們在該經典著作的序言中寫道：

黃豆的重要性主要在於種植黃豆比種植任何一種豆莢科作物都便宜，它的產量高又易於收割，在未來土地只能用來種植高產量的作物時，這絕對會讓它的重要性與日俱增。毫無疑問的，黃豆將會成為美國最主要的農作物之一。

當查爾斯和威廉寫這下這些文字時，黃豆還是一種不為人知的東西，直到一九三五年，才有數英畝面積的黃豆同時用來榨油和做飼料。

很幸運地，美國廣闊的領土擁有利於黃豆生產的氣候與沃土，加上技術設備，讓人們能以不到八分鐘的勞力生產出約三十五公升的黃豆，因此，美國農民在一九五〇年代即有能力生產出價格和品質皆能與東方原產國媲美的黃豆。一九七三年時，美國的黃豆產量已達驚人的四千七百萬噸，比一九四〇年時整整提高了二十倍，並比前一年增加了24％，而與同期比較，每一英畝的產量增加了68％（九百五十公升）。有試驗估計每英畝可高達二千一百一十五至三千五百二十公升。

短短二十年之內，美國就已經一躍成為全世界最大的黃豆生產國，供應量占全世界的65％，第二大生產國家巴西的供應量則為18％，中國是13％，除此之外，加拿大、澳州、俄羅斯和印度的供應量也都頗大。

黃豆已是美國最大宗的外銷農產品，而國外的需求也在不斷增加。一九七四年，美國外銷黃豆的總值高達五十億美元，占出口總值的8％，而這些黃豆賺來的外匯都用來購買石油或其他原料。就這樣，東亞料理的基礎黃豆成為美國主要的經濟作物，在亞州被稱為「田野之肉」的黃豆，成了美國農民口中的「從泥土來的黃金」。

然而，一九七三年九月，美國總統發表了一份聲明，說他從未見過黃豆，這份言論成了全日本的頭條新聞。調查指出，多數的美國人是在近十年內（註：指一九九〇年代左右）才聽過「黃豆」這個名詞，不但沒見過黃豆植物，更不曾嚐過新鮮黃豆、乾黃豆或黃豆芽。幸好，隨著農業及經濟發展，黃豆已經漸漸成為人類語言和文化的一部分。有一家位於田納西州新時代社區的大型農產企業——「農莊農場」，已經跨出歷史性的一步，將黃豆作為素膳中的主食。

## 現代西方的黃豆食品

現在，已有許多料理納入煮熟或炒過的黃豆，也有許多西方人見識到毛豆（新鮮黃豆莢）的美妙滋味，以下將進一步介紹現代食品中的黃豆加工製品，當中以黃豆麵粉最為重要，因為它大量出現在西方的烘焙食譜之中。大多數的精製食品與傳統東亞食品有著完全不同的特性，這也顯示黃豆在東西方扮演著顯著不同的角色：

1 **天然黃豆麵粉**：這個全脂產品含有35％到40％蛋白質及20％的天然油脂，非常適合添加在麵包、通心粉和糕點中，其份量約可占總麵粉含量的10％到15％。

2 **脫脂黃豆粉和豆渣**：含50％到52％的蛋白質，它是使用己烷溶劑壓榨萃取黃豆油時所剩下的物質，是西方黃豆類蛋白來源當中最便宜的一種，大量使用於烘焙食品、加工食品、人造肉類、早餐穀類、減肥和嬰兒食品及糖果裡。

3 **大豆卵磷脂**：含有50%的蛋白質，很多健康食品店都有供應，搭配很容易，可加在湯、燉菜、砂鍋，甚至蔬果泥汁中。

4 **濃縮黃豆蛋白**：含70%的蛋白質，價錢只比麵粉和黃豆渣貴大約一成，用於加工肉類、早餐穀類及嬰兒食品。

5 **分離黃豆蛋白**：含90%到98%的蛋白質，是從脫脂黃豆片及麵粉抽取出的濃縮物，外觀呈白色粉末，有著溫和的味道。它的價錢大約是黃豆粉和黃豆渣的兩倍，最先是用在仿肉類、肉腸和罐頭肉類中當作結合劑，現在也用於製作仿乳製品，例如奶精、奶油糖霜和冷凍甜品等等。目前多以五百克包裝，放在天然食品店中出售。

6 **絲蛋白**：將分離黃豆蛋白溶解於鹼性溶液中，然後用紡嘴把它們擠壓進酸性溶液池，形成一條條細小單絲纖維，再加入小麥麩、卵蛋白、脂肪、味精及色素，便能製成仿肉食品。

7 **結構性黃豆蛋白**：由低成本的黃豆麵粉所製成，以持續的高溫和壓力擠壓成小塊並氫化後，它會變得有嚼勁，並且可以加入不同顏色及味道。它比分離黃豆蛋白和絲蛋白便宜許多，目前多用於絞肉、仿肉食品或嬰兒用品中當作增量劑。

8 **黃豆油**：雖然不含有蛋白質，但精製而來的黃豆油含有豐富的不飽和脂肪及亞麻油酸，且價格低廉。美國每年生產超過一百一十三萬噸的黃豆油，用來製造沙拉油或沙拉醬，另外還有一百八十萬噸的黃豆油經氫化加工製成植物性奶油和酥油。

# 選購和保存黃豆

在日本，黃豆並不是常見的家庭料理，為了節省時間與長時間烹煮所需的花費，多數日本人會選擇在住家附近的熟食店購買現成的黃豆食品，但這些大都含有不少天然防腐劑——也就是糖或醬油。黃豆可裹上甜麵糊炸成脆皮豆出售，而黑豆一般則用於製作精緻甜點。大部分西方人則習慣到超市和天然食品店購買整顆且未煮過的生黃豆回家料理食用。

新鮮的新熟黃豆是最美味的，大約十一月時就可以在市面上買到。收成後的黃豆都會用布包起來，不過一旦存放久了，就會有一些對人體無害的小蟲、飛蛾和飛蛾卵出現在其中，清除的方法很簡單，只要用篩子篩一篩黃豆，再鋪平曝晒於陽光下一天即可。

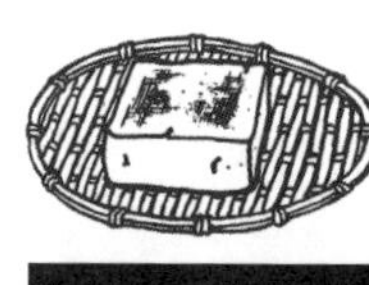

CHAPTER 6

# 豆汁、凝乳和乳清

豆汁，是被充分浸泡但未煮的黃豆白泥，它的質地比打過的奶油更厚實一些。日文中的豆汁（ご），也可以用來代替動詞「くれる」，意思是「給予」。這個用法很貼切，因為豆汁正是各種豆腐製品的源頭（見下表）：豆汁是豆腐製程中黃豆原粒的初次轉變。

## 保留黃豆最完整的營養——豆汁

如同中國《易經》這本書的原型影像那般，積聚在高處的柔軟豆子從兩塊沉重的花崗石磨之間流下，慢慢轉動並發出颯

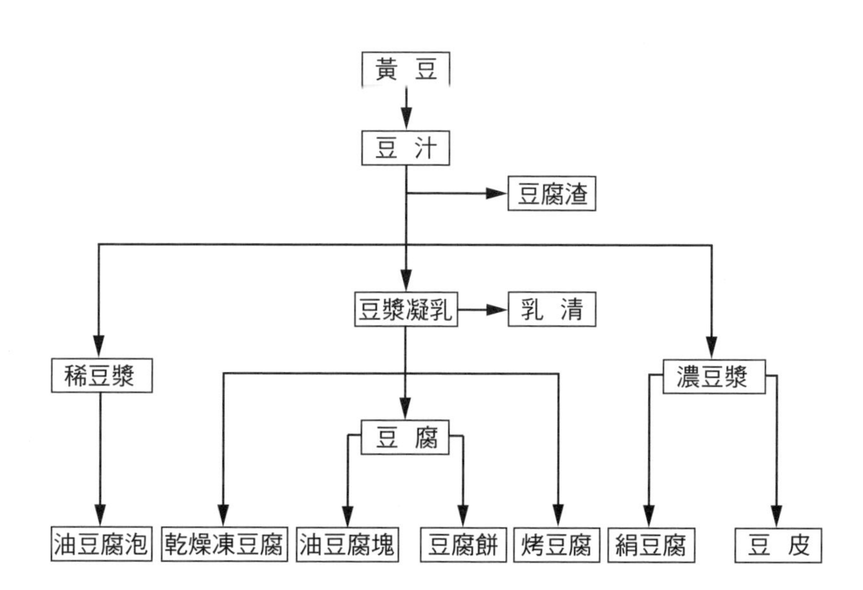

颯聲的石磨，將這些鮮黃的黃豆變成了奶油白的平滑豆汁，這些豆汁沿著下層的固定石塊兩側流到一個大雪松木盆中（下圖左側），而一旁的黑色大鍋裡，沸騰的滾水及火的禮讚正恭候著它。

豆汁是豆腐製作過程中，黃豆成分會被完整保存的唯一階段，在接下來的步驟，豆汁就會被分成豆腐渣和豆漿。因此，使用豆汁來烹調食物，將能完全保留和享受黃豆中天然均衡而完整的營養。

製作豆汁非常簡便，只需浸泡及磨碎黃豆即可，大大節省了煮透黃豆所需的烹調時間及燃料。

此外，黃豆含有一種阻礙胰腺分泌胰蛋白酶的物質——胰蛋白酶抑制因子（ＴＩ），而胰蛋白酶是消化蛋白質及維持正常生長所不可缺的。因此，如果人體要完整吸收利用黃豆所含的豐富營養，就一定要降低黃豆中70％到80％的胰蛋白酶抑制因子，而透過烹調，正好可以抑制胰蛋白酶抑制因子的活動。除此之外，浸泡和磨碎黃豆，還可以大大減少抑制胰蛋白酶抑制因子活動所需的烹調時間。營養學家建議，浸泡過的黃豆必須燉四到六小時或用壓力鍋燉煮二十到三十分鐘，而豆汁卻只需燉十五分鐘或用壓力鍋燉十分鐘，便可以直接食用或接著加工製成豆漿，因為可溶性碳水化合物中的胰蛋白酶抑制因子會在豆腐凝結過程中溶解於乳清之中。

為了使豆汁保持最可口的味道及營養價值，必需準確控制浸泡黃豆的時間，然後使用果汁機、手磨機、

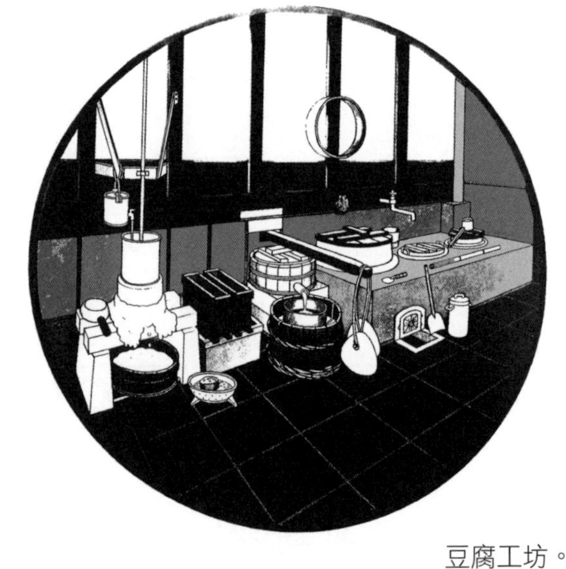

豆腐工坊。

鋒利的碎肉機、電動磨穀機、咖啡磨豆機、研缽或碾槌，將黃豆攪打或碾磨成質地純淨均勻的濃度。最重要的是，要趁豆汁仍新鮮的時候烹調，並且不能煮過頭，以免蛋白質流失。

對日本豆腐師傅而言，「豆汁」這個詞有三種不同的意思：

1白色的豆泥。

2乾黃豆所具有的特性，也就是一種計量豆類所含蛋白質數量及質量的度量單位。這些特性的多寡取決於黃豆的品種和等級、種植環境、天氣和泥土，以及它們收成的年分。決定以多少黃豆來製成多少豆腐是很重要的，因為這決定了所製出豆汁及豆腐的凝聚性和細緻彈性。

3豆泥所含的獨特精華，它決定了可產出的豆腐量。豆汁若處理不當，會導致重要精華含量減少，豆腐師傅便會斷定這種豆汁不適用，甚至將之淘汰。

若將豆汁的這三種意義實際用於描述豆腐，師傅們會說：

要製作出一塊好豆腐，首先要使用含有優質豆汁的黃豆，接著慢慢轉動石磨，榨出滑順細嫩的豆汁，並立即烹調，以避免豆汁中的任何精華流失。

## 豆汁的傳統做法

從遠古到現在，多數的日本廚房都設有一個二十五公分直徑大小的手推石磨，以便在製作農家豆腐或味噌豆汁濃湯時，把黃豆磨成豆汁。在特別的日子裡，亦可用來把全麥磨成麵粉、把烤黃豆磨成烤黃豆粉，或是在茶道儀式裡，把嫩茶葉磨成抹茶粉。

在日本和中國，不論是經常製作豆腐的農家，還是大量製作豆腐的傳統豆腐店，都發展出一種奇特的設計，就是用推拉的方式來轉動巨大的石磨，一個人負責推拉石磨握把來驅動上層石磨轉動，另一個人則負責把浸泡過的黃豆倒在石面上。

以這樣的方式來研磨的話，製作一批一百二十塊豆腐所需要的黃豆，大概得花上豆腐師傅一到二個小時的時間。一般師傅大多從零晨二點就開始工作；在夏天，每天的黃豆通常會分兩批來研磨和煮熟豆汁，這樣做的用意是確保豆汁的新鮮。

在京都一些古老的高級餐廳和豆皮店，仍然使用花崗岩石磨，在石磨的平臺石面上有明顯的凹痕及磨平的痕跡，那是幾代父子手推大石磨時，把腳置於樞軸上踏住而留下的痕跡。

當傳統豆腐店仍然使用石磨的同時，多數豆腐店卻已開始使用比傳統石磨更快的輕巧小磨盤來研磨豆汁；也有一些豆腐店仍小心地保存著祖傳的石磨，不過卻是垂直地放置，並利用風扇皮帶和電動馬達來驅動。

手動式石磨。

推拉式石磨。

每隔三個月，豆腐師傅便會鑿磨兩塊石磨的刀槽，以確保其鋒利。這些沉重的石磨能磨出最好的豆汁，因而能製作出品質最高的豆腐。

石磨在東亞沿用了兩千多年，但傳統上石磨的動力一直都是完全仰賴人力，從來沒有人想過借用自然力量（例如風力和水力）來作為動力來源。不到一世紀前，許多西方國家所用的麵粉，就是以風車或水車的石磨新鮮碾製而成，這種大石磨直徑約一公尺、厚度約三十公分，而在日本和中國卻從未見過直徑超過的四十三公分、厚度超過的十三公分的石磨。

每天清晨，豆腐師傅會把充分浸泡過的黃豆瀝乾洗淨，然後把它們放到石磨上的送料斗中，讓涓流的深井清水慢慢地滲透黃豆流過送料斗，來到石磨的中間，使豆汁達到理想的濃度。石磨盤慢慢地分解黃豆，以適中的壓力來確保豆芽、豆皮和豆身能均勻地混合在一起，並且防止溫度過高——因為過熱會造成豆汁精華流失。

如此提煉出的豆汁含有細緻的顆粒，能進一步提高豆腐的生產量，並促進黃豆所含的天然凝聚性與黏稠性，其中的道理

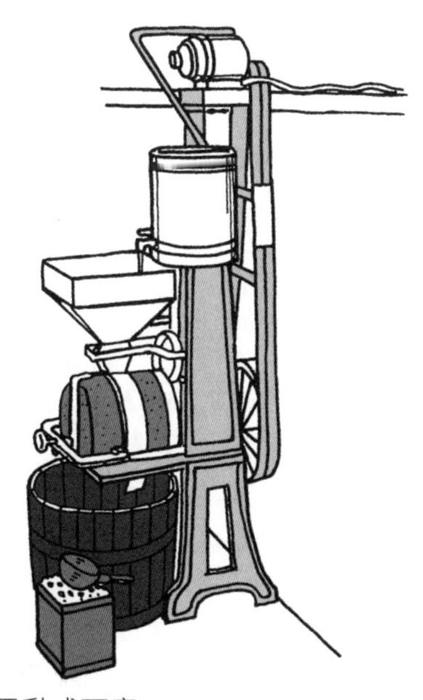

電動式石磨。

風動式石磨。

就跟揉麵時讓麵團裡的麩質（註：一種穀物的複合蛋白質）含量提高一樣。

為避免豆汁中的精華流失，豆腐店提煉出來的豆汁都在第一時間被舀入熱開水鍋內——擺放過久，豆汁便會失去它的潛力，所能產出的豆腐量就會減低。

現在，日本大部分豆腐店所生產的豆汁都是直接用於製作豆腐，但偶爾也會有具備傳統思想的人從豆腐店購買豆汁回家料理。不過，由於大部分的家庭都有攪拌機，所以我們建議，最好可以自己在家製作豆汁，如此才能從中攝取到更多的優質營養。

## 自製豆汁

豆汁的濃度大約跟香濃奶昔一樣（一杯乾黃豆浸泡隔夜，將會膨脹至二杯半的份量）。

**材料**（2杯）

乾黃豆……………………½杯

水……………………⅞杯

水動式石磨。

**作法**

1先將黃豆浸泡於一公升的水中八至十小時，再洗淨並於濾盆上瀝乾。

2把豆子和水加入攪拌機，用高速攪拌三分鐘，或是直到滑順。

3如果想要有顆粒的口感，將攪拌的時間減至一分鐘。

## 自製碎泥豆汁

這種碎泥豆汁比在多數豆腐店內所製作的還要濃，但與日本傳統農家用手磨或日式研缽製作的相似。

**材料**（1¼杯）

乾黃豆……………………½杯

作法

1先將黃豆浸泡於一公升的水中八至十小時，再洗淨並於濾盆上瀝乾。

2使用附有鋒利刀片的手磨機或絞肉機，將黃豆攪拌至平滑糊狀即可。

**豆汁和碎泥豆汁的差別**

比起像香濃奶昔的豆汁，碎泥豆汁則是濃厚的豆糊。如果想把碎泥豆汁調製成二杯豆汁，只要把碎泥豆汁加入八分之七杯水，充分混合均勻即可。

## 一瞬間的精緻——凝乳

自製奶油與乳酪的技藝，以及與其相關的字彙，正慢慢地從西方文化消失當中。然而，在古早時代，所有人都知道，只要將胃膜液（從尚未斷奶小牛的第四個胃、小羊或孩童胃中薄膜所提煉出的酵素）加進牛奶中，或是將牛奶不加蓋放置於暖和的地方幾天，便會凝結並分離出稀薄的液體（乳清）和柔軟的半凝固體（凝乳）。凝乳主要是凝結牛奶內的酪蛋白，可以發酵熟成製作成乳酪，或是用攪乳器攪製成奶油。

儘管現今多數的西方人從沒見過或嚐過凝乳，但凝乳卻深受我們祖先所喜愛，而且它在像印度這樣的古國中，仍然是十分普遍的美味小菜——在印度，凝乳會用在咖哩和加了香蕉片與柳橙片的布丁上。

第一位在西方授課的瑜伽大師尤迦南達（Yogananda）認為，一生獨自忘我的沉思，好過為他人的靈性利益而工作，他的師父批評道：「你想獨占完整一份的神聖凝乳嗎？」除此之外，印度聖人羅摩克里希那（Ramakrishna）指出，人類喜歡無聊地談天說地，直到攸關生命的事情發生才懂得停下來，但是，「當凝乳盛出來的時候，我們只會聽到客人用手吃凝乳的嗦嗦聲。」

### 豆腐店裡的凝乳

要將豆漿製作成豆腐凝乳非常簡單，因為豆漿加上「鹽」（如鹽鹵或氯化鎮）或酸（如檸檬汁或醋）時，就會結成凝乳或凝固，因此，只要把凝固劑拌進熱豆漿，並靜置數分鐘，豆漿就會自然分離出白色細嫩的凝乳和淡黃色的乳清。

將鹽鹵攪進雪松木桶中的豆漿之後，豆腐師傅會用一個木蓋子蓋住木桶，讓鹽鹵發揮功用，慢慢地將豆漿裡的蛋白質凝固，形成凝乳並分離出乳清。約十五至二十分鐘後，豆腐師傅會將一個結實的大竹簍沖洗乾淨，用布包裹底層。

豆腐師傅打開木桶蓋，將竹簍放在豆漿上，讓乳清漸漸滲到竹簍內（底部的布可以避免細顆粒的凝乳跑到竹簍內）。乳清需要先舀出備用，師傅會用磚頭壓住竹簍，直到其中裝滿乳清才移開。這些乳清會被舀進木桶內，形成波濤似的冠狀物，當所有乳清都舀出後，就只剩白色的凝乳殘留在木桶中了。

日本會稱凝乳為「おぼろ」，意思是「雲層密佈、朦朧或霧氣覆蓋的」，這與形容月亮半隱於雲朵中所用的詞是一樣的。這個詞用的再適合不過了，因為豆漿在凝固的過程中，就像半透明琥珀色的天空中布滿了軟綿綿的白雲一樣。

以鹽鹵製作的凝乳常被比擬為捲雲——長、薄且飄渺，如果攪拌或處理時太粗魯，凝乳就會消失；用硫酸鈣製作的凝乳不僅份量較多，而且會像波浪般起伏著，如同積雨雲一般。凝乳就像雲朵般多變，它是短暫

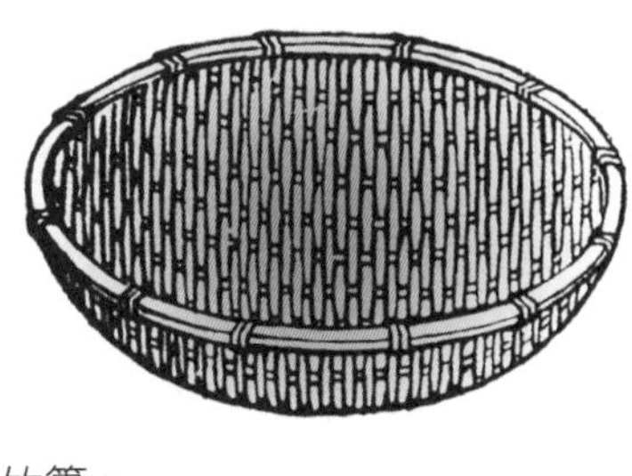

竹簍。

用磚頭壓竹簍。

把乳清舀進木桶中。

的，轉眼就會消失，等到再次出現，就已經變成豆腐了。在凝乳消失或轉變前，可先試試味道，它嚐起來就像精緻的布丁般柔軟。新鮮溫暖的凝乳，有著奶油般濃厚及精緻的微妙甜度。

當豆腐師傅邀請客人品嚐凝乳時，會舀出一小勺凝乳，小心地倒在竹墊上，讓凝乳稍微瀝乾，再輕柔地倒進漆碗中，滴上幾滴日本醬油做為調味，讓客人趁凝乳還溫熱時品嚐。

當凝乳被舀進鋪著濾布的豆腐成形盒中壓擠成豆腐時，那易碎、脆弱的原貌便得到了形體與堅實。大部分的豆腐店會把完成的豆腐浸泡在水中數個小時，使之堅固並冷卻，並確保豆腐能擁有最佳的新鮮度，只不過，在浸泡的過程中，其濃厚且微甜的風味多少會流失掉一些。以下是兩種可以在販售成品時保留凝乳風味的簡單方法：

1在擠壓前就售出凝乳。
2不要把完成的豆腐浸泡在水中。

## 這樣吃凝乳

在臺灣和中國，有一種稱為「豆腐花」的溫熱凝乳，由攤販以手推車的方式販賣，很多中國人會在清晨拿著小鍋或碗，到鄰近的豆腐店購買這種「豆腐花」做為家人的早點。

幾乎所有日本農家豆腐及中國、臺灣販售的豆腐，都是放在成形盒或木架上冷卻，由於豆腐從未浸於水中，所以都保留了最接近新鮮凝乳的風味，因此，自製豆腐亦可用這種方法來保持最佳的風味。

在日本的新年時節，有些豆腐店還會把溫熱的凝乳運送到每戶人家裡去。這些凝乳通常會加在味噌湯當中，或是以醬油稍做調味後當冷豆腐的配菜。將凝乳運用於日常飲食中，在中國比在日本更頻繁且廣泛，它可用於麵食、湯，甚至放在煎炒的料理當中。

許多人可能會好奇，為什麼沒人用豆腐凝乳發酵、熟成為西式起司。事實上，一九六〇年代，加州和日本的一項研究便已指出，一種高CP值製作美味溫和豆腐起司的方法：利用起司發酵菌發酵，讓充分擠壓過的豆漿凝乳自然熟成三至九個星期。利用這個方式，就能享受到如切達起司味道般的豆腐起司了！

在美國的一些地方，豆腐凝乳會用密封的聚乙烯容器包裝著，像新鮮豆腐布丁般銷售（註：像我們的盒裝豆花）。

## 享受美味熱凝乳

作法同「在家自製豆腐」（見第138頁），不過，在乳清從鍋中舀出後（在凝乳放進木盒前），把鍋中最上層已凝固的凝乳舀出，小心地把每勺凝乳放進湯碗中，靜置一分鐘，再把累積在湯碗內多餘的乳清瀝出，即可食用，或者你也可以這樣吃：

1 選擇或混合幾滴日式醬油、一些炒過的芝麻或少量山椒，淋在溫熱的凝乳上調味，或是搭配冷豆腐所用的任何一種沾醬、配菜或味噌醬。

2 將半碗新鮮凝乳拌入一碗味噌湯裡。

3 將凝乳加進番茄、洋蔥、豌豆或你所喜愛的任何一款西式湯中，並用少許日式醬油或味噌來調味。

4 將凝乳放入深碗中，淋上勾芡，可以加少許生薑根泥或幾滴檸檬汁調味，也可以跟生薑根醬或瀧川豆腐（註：日文作「滝川豆腐」，日本傳統的七夕菜式，將豆腐搗爛，加入寒天粉烹煮過後冷藏成型，再利用模具將寒天豆腐壓出許多條狀）一起盛上。

5 把凝乳與打散的雞蛋拌勻，然後拌入中式蛋花湯內。

6 食用時，把凝乳輕輕拌入的咖哩醬或麵食當中。

7 以中式料理方式調味——用醬油、蒜蓉、紅椒和芝麻油，或是淋上韓式油味噌。

## 全能副產品——乳清

不論在家中或豆腐店內，在製作豆腐的過程中，一定會有兩種副產品：豆腐渣和乳清，兩者都是營養價值豐富、可用來料理的食材。

乳清只有1％是固體，其中的59％是在凝乳過程中沒有凝固的蛋白質。乳清所含的蛋百質量是乾黃豆的9％（如下表所示），此外還含有許多維他命B和一些天然糖分。乳清會在製作豆腐時大量生成——凝乳過程會把十份豆漿分解成一份紮實的凝乳和九份乳清。

豆腐店每天都會製造出超過六十至八十公升的乳清，它們是能被生物分解的天然溫和清潔液，因為熱乳清對分解油脂非常有效，被倒出或攪拌時會很快形成泡沫。豆腐師傅會小心地保留店裡的乳清，等到每日工作完成後，就用它

豆腐製作過程的副產品中，所含之黃豆蛋白的百分比

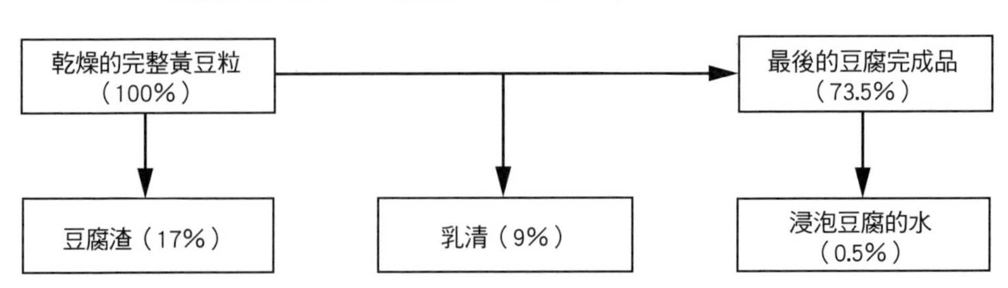

來清洗所有的用具，包括油炸器血和製作豆漿時用的木桶和勺子。這些用具在用乳清洗過後，很快就會變得閃亮乾淨。此外，在寒冷的冬天早上，熱乳清也可用來清潔並暖和雙手。有些女性會將乳清當做洗面乳，用來去除油脂和調理膚色，乳清也很適合用來清洗頭髮、碗碟、工作服，甚至是高級絲質衣物。

在臺灣，有很多人會到豆腐店以桶子盛裝足夠一日份量的免費「肥皂」回家，用它們來清洗並擦亮木質地板及木製家具，它也能讓新的木製品有著自然及乾燥的外表。此外，乳清也可用來當作家中植物的肥料。

如同豆腐渣，暖熱的乳清也可用來當牲畜的飼料，據說牛和馬可以一口氣喝掉十二公升的乳清。一個京都的豆腐師傅告訴我們，有天早上，他在店外讓拉車的馬

馬兒清早的點心。

喝掉滿滿一桶的乳清，從此之後，每當馬兒經過此處，必定會停下來，不肯前進，直到給過牠清早的點心為止。一般來說，豆腐店有兩種不同的方法可以收集乳清：

1從凝乳桶內用勺子把乳清舀出，放在另一個桶中（見第117頁下圖）。

2乳清是從豆腐中擠壓出來，因此會被收集於成形盒下方的木製乳清收集箱（見第54頁下圖）。如果豆漿裡放了適量的鹽鹵，它的乳清會呈透明的琥珀色，且帶有淡淡的甜味；如果凝固劑用得太少，乳清就會因為含有一些不能凝固的豆漿蛋白質而變得混濁；如果凝固劑用得過多，乳清就會變苦澀，所以很多師傅在開始冒出乳清前會先試味道。

製作豆腐所加入的凝固劑，大約有七成會溶解於豆漿中，和乳清一起分離出來。因此，當有些舀不出的豆漿遺留在木桶底部時，豆腐師傅會攪入少許暖熱的乳清使之凝固。一般來說，自製豆腐所生產的乳清大約有六至七杯，這些湯汁溫和又美味，不僅可直接飲用，也可在製作麵包時用來取代水或牛奶、在烹調時當高湯，或是作為清洗器具的清潔液，可說是最萬能的副產品！

## 享用乳清

自製豆腐時，保留六至七杯乳清，可以當做料理的湯底或燉汁、用來製作麵包或燉煮蔬菜，也可以像茶一樣熱飲。使用天然海水來凝固的豆腐，所分離出的乳清是最美味的，因為這樣會帶出乳清淡淡的甜味。

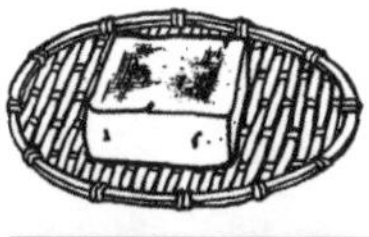

CHAPTER 7

# 豆腐渣

水晶花（註：溲疏花，日文作「卯の花」，周作人將「卯の花」譯作「水晶花」，後文皆用水晶花稱之），是種一串串長在矮灌木上的白色小花，通常在春天綻放。被譽為「徘聖」的松尾芭蕉，一六八九年他最後一次長途旅行，前往日本北方偏遠地區，途中寫下這一段關於水晶花的徘句：

「秋風」彷彿在耳邊迴盪
「紅葉」猶在面前
眼前的蔥翠枝頭有著不同的風雅情趣
水晶花潔白
荊棘花溫柔綻放
心情像是被覆雪撫慰般舒適

水晶花。

## 可敬的水晶花

「水晶花」這個名詞，也與豆腐有著密切的關聯。

豆汁在被舀進沸騰的水中燉煮過後，會被裝進一個置於凝乳桶上方架子上的厚布袋中，然後扭緊布袋口，用力擠壓布袋。農家的石磨可固定住布袋，豆腐店則用傳統的槓桿式或更現代化的設備來擠壓布袋，但以上方法皆能把流質的豆漿過濾到凝乳桶中，而剩餘在布袋內的黃豆渣便稱為「豆腐渣」。濾過的豆漿最後會被製成豆腐，而豆腐渣則會用於其他的特別用途。

豆腐渣呈米白色，有著易碎且微小顆粒的口感。有些西方人會半開玩笑地說，豆腐渣令他們聯想到濕潤的木屑，但日本人卻基於古老傳統，而崇敬著這種簡單又粗糙的食品，並在「から」字首加上「お」。「から」意即殼、外層或皮，因此「おから」的意思就是「可敬的殼」。中國人則稱之為「豆腐渣」或「豆滓」、「豆頭」，而柔軟的凝乳則被稱為「豆腐腦」。

我們很難把這些名字翻譯成英語，諸如 soybeanlees（黃豆渣滓）、grounds（沉澱物）、mash（糠）、pulp（顆粒）、fines（碎末）、residue（殘餘物）、dreg（殘渣）等的翻譯，對這樣一種優質的食物，實在是一點也不公平貼切。

日本人在烹調中往往把「豆腐渣」稱作水晶花，以紀念「俳聖」松尾芭蕉所形容的小白花，而它也的確值得這樣崇高的稱號——經過適當的烹調，豆腐渣既美味又營養，是傳統日本料理中的重要食材。豆腐渣料

傳統槓桿式壓榨機。

理在許多熟食店和高級料理店都能找到，絨毛般輕盈的豆腐渣可以充分吸收食材的風味，並且可以加入炒蔬菜、湯、砂鍋、麵包和沙拉當中，增加濃厚的口感。

豆腐渣中最重要的成分是植物膳食纖維，現在已被營養學家和醫生認為是構成均衡膳食不可缺乏的成分。纖維無法被消化；在全麥的外皮、蔬菜的細胞壁和各種豆類中可以找到的纖維，是由碳水化合物所組成的，經過人類的消化系統後仍保持不變。它負責執行兩大功能：其一，是提供大腸蠕動和預防便祕所需的粗纖維質；其次，則是吸收毒素（包括環境污染）及加快人體排泄毒素的速度。

大多數工業化國家，都已重新評估豆腐渣這類高纖食品的重要性，因為他們現在對三種有害人體的飲食習慣已有更深的認知：

1 我們現在飲食的纖維量只有一百年前的兩成，因為我們大量攝取糖分、肉類、脂肪和乳製品，這些都不含纖維質，同時，我們的穀類及蔬菜攝取量也都大幅減少。

2 我們現在所食用的穀類食品大都經過精製或加工，它們含有高纖維和營養的外皮都已被去除。

3 一般人皆經年累月地不斷在吸收食物內所含以及環境所產生的有毒物質。

相對來說，食用豆腐渣能讓我們以最完整且最健康的方式來利用天然黃豆。豆腐渣所含的蛋白質，是黃豆原粒的17%（見第120頁），按重量比例來看，豆腐渣本身含有3.5%的蛋白質，相當於全脂牛奶或煮熟糙米的蛋白質比例——黃豆的蛋白質並無法全部移轉到豆腐中，而正因為豆腐渣裡含有蛋白質，所以我們更應該要善用它才對。

# 多功能豆腐渣

最美味且營養最豐富的豆腐渣，是從製作絹豆腐的過程中所取得的。絹豆腐（見第十一章）是由很濃厚的豆漿所製成的一種豆腐，因為這種豆腐渣只擠壓過一次，所以還保留大量豆漿的味道和養分，並且具有相當濕潤與黏稠的質地。至於豆腐店製作一般豆腐時，在用粗布袋過濾豆漿過後，會用織紋較密的麻布袋再過濾一次，第二次過濾的少量豆腐渣通常是用手擠壓的，因此豆腐渣也能保留大部分的豆漿原味和食物價值。在冬天這個冷空氣可保持豆腐新鮮的季節，豆腐渣會被製作成直徑十一公分的球狀，或是密封在小塑膠袋內，以每四百五十克幾毛錢的價錢出售。有些豆腐師傅會免費把豆腐渣送給客人，以感謝他們的光顧。

二次世界大戰之前，很多在豆腐店出售的豆腐渣都會被拿去做烹調。豆腐師傅通常都會准允店裡的新學徒利用豆腐渣做成料理，再帶著成品挨家挨戶地去銷售，以賺點零用錢；新年時，通常是做豆腐渣可樂餅及其他美味菜餚——貧窮的學徒通常能藉此賺些零用錢。

在中國，有些地方會把豆腐渣壓成直徑十六公分、厚三公分的糕餅，讓它發酵十至十五天，直到布滿白霉菌的菌絲之後，再置於太陽底下曝晒數小時，即可油炸或與蔬菜一起烹煮——這就是「霉豆渣」，通常作為調味品出售。在印尼，也有類似霉豆渣的產品，稱作「甕重」（ontjom / oncom），因其風味類似杏仁而廣受歡迎。

在日本，豆腐店每天會生產約六十公升的豆腐渣，其中最多只有四公升左右會零售，其餘的，當地畜牧業者每日會到店內收取，以作為牛隻的飼料，因為它有助於刺激牛奶生產及增加牛奶的營養成分。中國有很多豆腐業者會同時經營小規模的養豬場，並用豆腐渣做主要飼料。豆腐渣也是不錯的有機肥料，同時還能作為免費的高蛋白質寵物飼料（日本市售的狗貓乾糧中都有添加）。幾百年來，哺乳中的母親都會用豆腐渣來增加母奶的濃度並刺激分泌量。此外，豆腐渣也是治療腹瀉的傳統療藥。

豆腐渣還可以用來打蠟或作為擦亮劑，用一塊布將豆腐渣包起來，擦拭木製傢俱，它的天然油會覆蓋在木頭表面，讓木頭顏色加深。

雖然有些豆腐店有供應豆腐渣，但最容易取得豆腐渣的方法，就是自製豆腐或豆漿，只要做兩人份的豆腐，就可得到一杯或二至四人份的豆腐渣。

## 自製豆腐渣

自製豆腐、豆漿或絹豆腐所剩下的豆腐渣，其味道、質感和營養都勝過從豆腐店所購買的，而且還是免費的！

自從攪拌器取代了石磨之後，豆腐渣便多出了一種酥脆的口感，像是剁碎的堅果一樣，又由於在家自製豆腐渣，多以人手而非機械擠壓，故較能保有豆漿擠壓前的營養和味道。在完成豆漿和絹豆腐之後，往往有不少濃豆漿遺留在豆腐渣中，因此，製作豆漿或絹豆腐時所留下的豆腐渣，通常是最美味且最營養的。

由於豆腐渣是在將豆漿煮熟前就取出，因此，自製豆腐渣的烹調時間會比在豆腐店購買的要長一點。自製豆腐渣可參考「在家自製豆腐」（見第138頁）、「自製豆漿」（見第201頁）或「自製絹豆腐」（見第216頁）的食譜。

CHAPTER 8

# 豆腐

就像「麵包」被用來泛指各種烘焙食物一般，「豆腐」這個詞已成為各種黃豆食品的統稱。接下來，我們會逐一討論幾種不同的日式豆腐，而種類繁多的中式豆腐則放在第十五章討論。

在狹義上，「豆腐」一詞指的是「一般豆腐」，也就是最普通、最廉價且最廣為人知的豆腐。在西式烹調中，這種豆腐並沒有完全一樣的對等食材，甚至與一般常用來形容豆腐的「黃豆凝乳」及「黃豆乳酪」這兩個英文名詞亦不大相符。

豆腐是由黃豆凝乳所製成，製作豆腐時，豆腐師傅會先從豆漿凝乳中過濾掉乳清，接著用勺子把凝乳舀入已鋪上兩層布的木製成形盒中，蓋緊蓋子並用重物壓擠約三十分鐘，在這段時間，凝乳凝固成形而變成豆腐。雖然

擠壓成形盒中的豆腐。

存放於水中的豆腐，無論顏色或外形，都跟起司有點相像，但製作豆腐的過程沒有經過發酵、成熟和提煉，因此，稱豆腐為「黃豆起司」也不是很恰當。

## 祖籍中國

在東亞的三大黃豆食品中（豆腐、味噌和醬油），只有豆腐具備了可引經據典的理論。

根據古代的中國及日本文獻記載，以及一般口耳相傳的民間傳說，製作豆腐的方法，是西元前一六四年左右漢朝淮南王劉安所發明的。

劉安是一名出色的學者、哲學家、統治者和政治家，據說，他對煉金術及道家靜觀一直很有興趣。作為許多道家之徒的友人，劉安很可能是特意進行豆腐的實驗，好為道家之徒簡樸的素食飲食增添營養方面的多樣性。

歷史學者相信，當時劉安的豆腐很可能是用鹵汁或海水來凝固的，其結實的質地跟現今大多數的中國豆腐類似。

豆腐的發明源起，一般有以下兩種說法。

### 料理黃豆時的意外發現

豆腐發明起源的第一種說法認為，劉安或早先時候的中國人可能只是在無意間發現了豆腐的製法。

身為五穀之一的黃豆，很可能就像其他穀物一般，煮食前會先晒乾（註：就像過去稻米會需要「晒穀」，以利於保存）；之後要煮食時，不是直接將黃豆原粒放入水中煮熟，就是先磨碎或搗成糊狀再烹煮。若要將黃豆糊的形式烹煮成「濃湯」，便會需要調味，於是廚師加入了含有鹽鹵的粗鹽，結果發現濃湯很快就凝結成凝乳，也就是原本當作調味料的鹽意外成了凝固劑。後來，為了讓凝乳有更好、更細緻的質地，廚師決定將纖維狀的的豆腐渣濾除。至於接下來的擠壓，可能是為了讓成品能夠保存久一些，並且維持其結實的質地，讓成品在切過之後仍能保有形狀——最後，就成了現今的豆腐啦。

## 豆腐進口論

關於豆腐發明起源的第二種說法認為，古時候中國人民豢養牛羊來取奶的情況並不普遍，初時對凝乳的步驟並不熟悉，應該是後來才從西南方的印度人或北方的蒙古人那兒學會的——這兩個地方都有在製作凝乳和乳酪。除了豆腐，這些主張「進口論」的人們還提到，魚翅、燕窩和海參這三種最受中國歡迎的食物也都是進口的。

之後，當豆腐再次出現在中國歷史，已大約是八百年後的事了。據說，菩提達摩（曾在西元五二〇至五二八年間居住於中國，並創辦了禪宗）曾將豆腐融入「佛法論戰」中，藉此探索如何以豆腐來體現佛法，之後，他更讚揚豆腐簡單、誠實、率直的本質，以及它「可愛的白色袍子」。

至於現存最早有關豆腐的文字記載，則是宋朝的著作《清異錄》（寫於西元九六〇至一一二七年）——豆腐在發明超過一千年後才被記載下來。當時，許多其他書籍都有提到一部成書於西元前六〇至一〇〇年的著作，其中記載著劉安的故事和最早期的豆腐。此外，在宋朝末期的一本著作裡，描述到皇帝為皇太子準備的菜單，其中就包含有豆腐。

## 在日本的大變身

日本接觸到豆腐，大約是在西元八世紀的時候，可能是佛教僧侶在往來中日兩國的過程中，從中國引進的。一般認為，豆腐是經由與中國有文化和經濟交流的日本上流社會人士、王公貴族和神職人員，而進入日本社會的。

日本寺廟裡的佛教僧侶們很可能極早就開始把豆腐當成日常飲食的一部分，他們強調無肉膳食的價值，無疑是早期讓豆腐成為深得民心的食品傳播開來的主因之一。有些學者甚至認為，早期日本的豆腐店（中國也一樣）其實是設置在寺廟或僧院內，由寺院中的僧侶或廚子所經營。

在鎌倉時代（西元一一八五至一三三三年），曾經有過大規模的政教運動，促使日本佛教普及到一般平民當中。當時，五間主要的禪宗寺廟內均設有佛教素食餐館，豆腐便是菜單上的其中一道重要菜餚。信徒們在寺廟內的素食餐館裡第一次品嚐到豆腐，並從僧侶們那裡學會製作豆腐的方法，然後開始在鎌倉和京都等大城市開設自己的豆腐店——豆腐的製作方法，是在更晚期才從城市傳到鄉下地區。

在鎌倉時代，新的武士統治階級開始實行簡單、節儉和務實的生活方式，他們的以身作則，大大簡化了全日本的料理習慣。據說，豆腐和味噌取代了河裡新鮮的魚，成為幕府將軍用來獎勵武士們的美食，因此，封建武士們變得珍愛油豆腐塊和豆腐，尤其在它們是早餐味噌湯的材料時。也是這個時候，農夫們開始在日本寒冷且乾燥的地區大量種植黃豆。

到了室町時代（西元一三三六至一五七三年），豆腐已經成了日本所有階級人士的日常食品，許多這個時代很有名的茶道大師，都在茶道料理中大量使用豆腐，帶領豆腐進入日本的高級料理世界，並將豆腐介紹給著名的廚師和料理店老闆。當時大部分的日本人都遵循佛教戒律而不吃「四腳動物」的肉，是以物美價廉又富含蛋白質的豆腐更加廣受歡迎（註：古時日本人吃肉，但佛教傳入之後，好幾位信佛的天皇都頒布了禁肉令——魚蝦和野獸、野禽通常是例外。除了有佛教戒殺生的因素，也因為農務需要用上某些動物——這也導致家畜飼養發展落後。因此，日本人曾長達千年甚少肉食）。後來，日本人繼續研究出更多不同形式的豆腐，包括高野豆腐、油炸豆腐、日式豆腐餅、烤豆腐和絹豆腐。

隨著豆腐在日本變得普及，其原有的特質亦慢慢改變了。日本一些豆腐師腐把豆腐做得比原本的更軟、更白，風味也更細膩，只有農家豆腐仍保留原本中國豆腐的結實和濃郁風味。

當中國的隱元禪師於西元一六六一年抵達日本時，很驚訝地發現，日本的豆腐竟然與他在中國所見到的完全不同，為了讚揚這種新食品，他寫了一段直到現在仍為人所熟悉的深奧精簡諺語，此諺語同時描述了日本豆腐和一個人渴望自由平和以度過短暫虛幻世界的心。由於每一句都有雙重意思，讓這首詩可解讀為：

豆で（以黃豆製作而成——實踐勤勉）
四角で（四方形、俐落地切好——得體且誠實）
柔らかで（並且柔軟——擁有一顆柔軟的心）

「豆腐」這兩個字，是在西元一一八三年第一次出現在春日若宮神社神主（註：在日本神社侍奉神明的神職人員）中臣祐重的日誌中，提到豆腐是祭壇內作為供品的一種食品（當時寫作「唐符」）。第二次文字記載，則是出現在一二三九年佛教大師日蓮聖人所撰寫的一封感謝函裡（當時寫作「すりだうふ」）。一直到十六世紀，日本才出現用現代文字書寫而成的「豆腐」二字。日本的第一本「豆腐之書」是《豆腐百珍》，於西元一七八二年撰寫而成，裡面包括了一百種來自日本各地的豆腐食譜，這本書在當時非常出名，而且直到現在仍然廣為人們所引用。

在日本悠久的歷史中出現過許多不同類型的豆腐，例如隱元禪師教導僧侶和當地豆腐師傅製作的「中式豆腐干」，雖然這種非常堅硬的豆腐在後來一個世紀變得很受歡迎，但如今日本只有一家店製作該種豆腐，而且只有在京都萬福寺（隱元禪師所開創）附近的餐廳才能吃到禪寺齋膳的風味。另外一種跟豆腐干類似的豆腐是「六條豆腐」（六条豆腐，又稱「六淨豆腐」），作法是將五塊豆腐乾跟稻草綁在一起，然後掛在陽光下晒乾，直到顏色變成深啡色且相當硬。六條豆腐會被刨得很細，使用方式像柴魚片一樣，現在只有福島縣有在做。第三種幾乎絕跡的豆腐，是在壓擠凝乳前把核桃塊混在豆漿凝乳中所製成的「核桃豆腐」。

中國的豆腐乳在日本稱作「よう」，剛傳入日本時，曾在上流社會、寺廟及一些鄉村地區很受到歡迎，但由於它的味道太過強烈，如今已經很少見到。

豆腐在日本和中國都有相當悠久的歷史，也發展出許多不同類型的豆腐和相關菜餚，以下簡單介紹三種常見於日本的豆腐料理：

## 冷豆腐（冷奴）

許多行家都主張，冷豆腐是烹調豆腐時唯一需要知道的食譜，但他們會立即補充說明，有創意的廚師在一年三百六十五天，每天都可以用不同的方式來料理冷豆腐，例如充分發揮季節性的配菜、淡味的沾醬和濃烈調味的淋醬。

冷豆腐最適合在炎熱的夏日午後和宜人的夏日黃昏時食用，普通豆腐或絹豆腐都可用來料理冷豆腐，選擇絹豆腐是取其柔滑如布丁的質感，而普通豆腐則具有濃烈的風味，不過，最重要的還是豆腐本身的品質和新鮮程度。

相傳這種簡單的豆腐吃法最早吸引的是日本的「奴」，他們是約三百多年前階級最低的武士。「奴」是封建時代的家臣近侍及男僕，他們被禁止攜帶佩劍，每次主人出現時，他們總是走在隊伍最前排。他們的制服是深藍色的及腰外套，有著類似紋章旗幟的大方袖，「奴」的紋飾是種獨特的十五到二十公分白色方形，印染在袖子正中央。由於它的顏色或形狀都跟「奴」所喜歡的冷豆腐十分頭似，因此，這道菜餚也稱為「冷奴」。時至今日，日式食譜中要求將一個三百六十克的豆腐切成「奴」，就是指要將它切成六塊。

## 田樂豆腐

田樂，是日本最受歡迎的豆腐料理法之一，作法是將火柴盒大小般的結實豆腐塊，用竹籤串起來稍微烤熟。接著，在豆腐的其中一面塗上田樂味噌醬，再次焙烤到豆腐上出現小斑點。

「田樂」這兩個漢字，意指「稻田」和「音樂」。據說，這個名字起源於約六百年前，日本農村所流行的一種古老民間戲曲。在一齣以稻田為舞臺的著名戲曲中，有一位佛教僧人騎在一支

田樂法師，出自《豆腐百珍》。

稱為「蒼鷺之腿」的單腳高蹺上，這個不停搖擺的僧人角色被稱為「田樂法師」，而他在戲曲中所跳的舞蹈即為「田樂」，意即「稻田中的音樂」。由於這道用竹籤串起來焙烤的創新豆腐料理，很自然地令人聯想到田樂法師這個角色，很快地，這種美味豆腐就被稱為「田樂」了。

約四百年前，京都祇園日本藝妓區中的中村樓（見第286頁），是第一間販售田樂豆腐的餐館。

中村樓位於八坂神社（註：八坂神社舊名即「祇園社」）附近，為了吸引前來參拜的香客、旅人，店家會請衣著迷人的女士，跪在餐館大門前的一張桌子前方，隨著三味線輕快斷奏的樂音切豆腐，由於這道菜餚是在祇園裡販售，所以很快地就被稱為「祇園豆腐」。直至今日，田樂豆腐依舊是中村樓的招牌菜，在全日本依然非常有名。特別是在春季，田樂豆腐上會放新鮮翠綠的嫩枝，和濃稠的甜酒一起享用。這些豆腐是放在炭火上焰烤並以漆器盛裝食用。

到了一六〇〇年代早期至一九〇〇年代後期，已有許多豆腐店會製作田樂供人訂購，待至一七七五年左右，田樂就已經普遍到東京的茶館、鐵路小站和客棧都可以品嚐得到。

根據古老的編年史記載，日本一些最早期的田樂是在鄉下農家裡製作的，尤其是在冬天。我們在幾處山村裡享用了不少燒燙燙的自製田樂豆腐，方法很簡單，只要把擠壓過的豆腐切成十×七．五×二．五公分的豆腐塊或二公分厚的圓豆腐塊，再用一支三十公分長的竹籤串起每塊豆腐；這些竹籤均需經過鹽水浸泡隔夜，才能防止竹籤被火燒焦。將竹籤的末端插入火爐邊的沙堆或灰燼中，讓豆腐在炭火上方幾公分前焰烤（見第234頁圖），在美味的焙烤豆腐兩面均勻塗上味噌醬之後，迅速地再焙烤一次，直到味噌的香味散發出來。

田樂豆腐串。

田樂豆腐搭配茶一起享用，就成為一份簡單的冬日輕食，鎌倉一帶的田樂豆腐餐廳也採用這種傳統焙烤方法，能使田樂豆腐帶來淡淡的木煙燻香（見第293頁的「田樂屋」）。

此外，岐阜縣是以在夜間煙火表演時所特別招持的田樂豆腐而聞名；在某些村落裡，所有府社（註：日本神社有諸多社格，主要分官社和諸社兩大類，官社是每年領官方補貼的神社，而諸社〔民社〕則是領各府縣的補貼，府社就是諸社的一種）會在每年的十一月十四日製作田樂當供品，因為他們認為田樂豆腐是神明最喜愛的食物。

「快田樂」則是一種獨特的田樂豆腐，通常會在豆腐師傅完成當天店裡所需的烤豆腐之後才製作。豆腐師傅會將三百六十克的豆腐兩面先焰烤過，塗上白色甜味噌，再焙烤至香味透出，即可享受這道厚重風味的美味小吃。

在日本，有很多不同種類的田樂豆腐，儘管最普遍的田樂豆腐通常是使用一般豆腐，但也有人是用烤豆腐、油豆腐塊、日式豆腐餅或油豆腐泡來製作，有時甚至會以串好的茄子、蒟蒻、麻糬、香菇、青椒、麵麩、番薯、馬鈴薯、竹筍、蘿蔔、煮熟的鵪鶉蛋來取代豆腐。

古日本時製作田樂豆腐的情景（摘自浮世繪畫家葛飾北齋的畫冊）。

## 湯豆腐（豆腐の水炊き）

湯豆腐絕對是日本最受歡迎的豆腐料理之一，也是所有鍋料理中最簡單的一種。冬天吃湯豆腐就如同夏天吃冷豆腐一樣，能令人享受到豆腐最美妙的風味。

最早的湯豆腐，據說與京都的兩所禪寺有關，分別是天龍寺和南禪寺。

### 西山草堂湯豆腐

根據傳說，日本第一次食用湯豆腐，是在五百年前的天龍寺內，當時，附屬天龍寺下的妙智院的住持，受中國太子之邀，到北京宮廷內一起鑽研明朝文化，他在北京受到熱情的款待，品嚐到最精緻的中國料理，包括傳統的火鍋。待他回到日本之後，便向寺廟裡的僧侶們介紹他在中國品嚐到的湯豆腐。數世紀後，寺裡所經營的「西山草堂」（西山艸堂）已成為著名的餐館，直到今日，湯豆腐仍是這間餐館的招牌菜。

### 南禪寺湯豆腐

根據另一個傳說，湯豆腐是由位於京都東部的南禪寺僧侶所發明。據說，從古時候起，南禪寺就固定會在每年十二月八日的夜晚舉行紀念佛陀悟道的集體禪七，並於禪修結束時食用湯豆腐。

現在南禪寺的湯豆腐仍是全日本最出名的，可以在南禪寺內的奧丹精進料理店（見第288頁）及其附近的數間料理店內品嚐到，每一家料理店都有其特殊的加熱方式及盛裝器皿。日本最精緻的湯豆腐如今仍然可以在京都吃到，它們是京都料理簡單、細膩風味的典型代表。

## 跨越太平洋

在日本和中國，豆腐已經成為其語言文化的一部分，經常被使用在一些諺語及格言上。

在中國，會用「在豆腐裡找骨頭」來比喻硬挑別人的毛病；至於日本人，則會用「找塊豆腐撞死算啦」來揶揄愚蠢、出醜的人，或是以「就像企圖用扒釘把兩塊豆腐結合起來」來形容徒勞無功。

豆腐亦滲透到語言之外的文化層面當中，例如在一千六百年前，由仁德天皇開始、至今依仍存在的「針供養」：將一塊豆腐放在家中祭壇上，並把一年中所弄彎、斷掉的針全部插進豆腐內，每一根針都代表為服務而犧牲的存有，為表達對他（牠）們的感激，特別提供這個柔軟的休息處來報答其奉獻及辛勞。

在二次大戰之前，日本幾乎所有的豆腐都是由家庭式小店鋪所製作，而且都是使用柴火加熱鐵鍋來煮豆汁，並用天然鹽鹵將豆漿凝固成豆腐。二次大戰後，新式凝固劑（如硫酸鈣）及製作方法（如高壓蒸氣）才開始流行。近年來，大型商店和工廠開始大量生產豆腐，每塊三百公克的豆腐，會被裝入一個塑膠容器並泡在水裡，趁熱用透明薄膜封住，浸在熱水中一小時進行低溫殺菌，以延長保存期限至一星期，用冷藏貨櫃運送至數百里遠的地方，這些被送到超市及雜貨店出售的豆腐，價錢比大部分鄰近店鋪裡賣的要便宜一點。

豆腐是在中國發明出來後約九百年，才傳到日本，之後又過了一千二百年才越過太平洋進入美國——美國最早開始製作豆腐大概是在二十世紀初，所以，豆腐在西方的歷史可謂才剛開始！

## 在家自製豆腐

如果你家附近的店鋪買不到新鮮豆腐，可以試試用黃豆或沖泡豆漿在家中自製豆腐，這就像在家中烤麵包一樣有趣，而且還可以比較快做好。

接下來要介紹的自製豆腐做法，是採用日本傳統農家方法，簡單到連傻瓜也會做。從開始到製作完成僅需五十至六十分鐘左右，每五百克黃豆大約可製作出一千五百至一千八百克的豆腐，花費約是市售豆腐的三分之一至四分之一，不到漢堡價錢的一半（以可用蛋白質量為準）。

自製豆腐是用鹽鹵來凝固豆漿（明火熬煮豆漿會比蒸煮豆漿好），而且可以在最新鮮時享用，這樣的豆腐風味濃郁且帶著微甜，即使在最好的豆腐店都不見得能找到。

## 需要的廚具

要製作出美味的豆腐，以下廚具不可少：

1 一個電動攪拌器、研磨機或絞肉機
2 一個容量10～12公升的「煮鍋」
3 一個容量6～8公升的「壓力鍋」或盆子
4 一個2公升的燉鍋（牛奶鍋／醬汁鍋）
5 一個木鏟、飯勺或長柄木匙
6 一個淺勺或深3公分、直徑7公分的長柄勺
7 一個橡膠抹刀
8 一個馬鈴薯搗泥器或擠壓器
9 一個量杯
10 一組量匙

製作豆腐所需的廚具。

11一個大型圓底的濾盆（可卡在「壓力鍋」上）
12一個正方或長方形的平底濾盆（作為成形容器）
13一個網眼很細的篩網或竹簍
14一塊邊長60公分的方型粗棉布，或是一個擠壓袋
15一塊邊長60公分的方形薄棉布

此外，有兩件特別且容易組裝的器皿，可以讓自製豆腐更輕鬆：

**1用前文提到的「粗棉布」製作一個「擠壓袋」**

首先，把棉布頭尾對折，把兩邊縫起來，形成一個約三十八公分寬和三十八公分深的布袋（若不自己製作，也可以用一個粗織的小麵粉布袋來替代）。

**2以前文提到的「平底濾盆」來當豆腐成形容器**

這是為了固定製作好的豆腐形狀，如果你是使用一公升的篩網或底部弧形或圓型的濾盆，做出來的豆腐自然會成圓形的。

如下圖所示，三種成形容器都非常容易在家中自行DIY：

容器a是一個一．五公升的木製或塑膠製盒子，沒有頂部，而且底

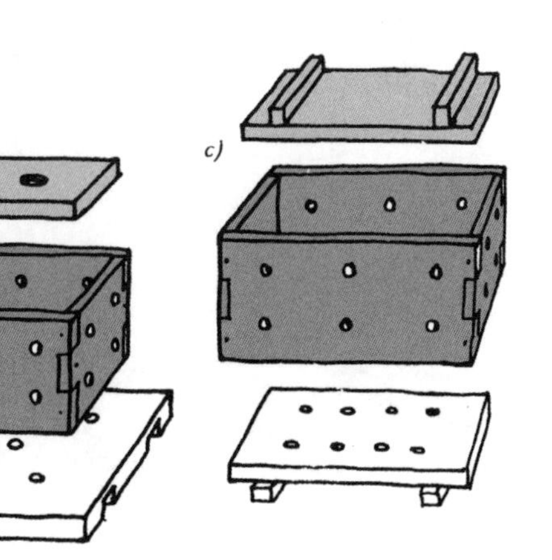


三種自製成形容器。

部不可以拆開；容器b和c的底部則是可以拆開的，這樣一來，你在取出做好的豆腐時，就不需要把容器浸入水中。

至於容器的尺寸，最好是長寬深各十一公分，或是長十七公分、寬九公分、深十一公分。用鑽孔器在盒子的底部和四個側邊都鑽上幾個一公分直徑的小孔，平均每隔四公分鑽一個孔，另外還要再製作一個木製或塑膠製的擠壓平蓋（有無孔均可），擠壓平蓋要與盒子內緣密合。

如果是使用木製盒子做成形容器，材料以菲律賓桃花心木，以及徑切面的花旗松、松木、楓木、雪松木（柏木）或櫻桃木較佳。

## 材料

### 黃豆

幾乎所有的天然健康食品店都有賣黃豆，大多數的合作社及超市也都能買到品質優良的黃豆，但如果你希望自製豆腐能呈現最好的成果，我們建議直接到附近的豆腐店購買黃豆比較好，因為這些豆子都是專業的豆腐師傅精心挑選過的。

### 凝固劑

最容易購買到的凝固劑是滷鹽、檸檬汁和醋，雖然日本的豆腐店都不用這些當凝固劑，但它們都能製作出美味的豆腐。

日式的凝固劑大多從天然食品店、當地豆腐店、日本食品市場、化學原料店或當地學校的化學實驗室取得，海水則可從清澈的海洋取得。天然鹽鹵在一些天然食品店有販售，也可以在家中使用天然鹽自製鹽鹵。不過，除非你想買的天然鹽鹵經證實是從乾淨的海水內取得，否則我們建議使用精煉過的鹽鹵。

雖然我們認為鹽鹵類的凝固劑最容易使用，而且用它所製作出來的豆腐更美味，但使用瀉鹽和硫酸鈣似乎會讓豆腐吸收更多水分，會使成品體積變大且更柔軟。硫酸鈣是一種白色粉末，在西方有時會被誤標為鹽鹵出售，鹽鹵通常有一種粗糙、粒狀或結晶狀的結構，天然鹽鹵是米白色，精煉過的鹽鹵是白色的。

無論使用哪種凝固劑，所製作出的豆腐量及其營養幾乎是一樣的，但使用檸檬汁或醋時，成品的量會稍微少一些。至於要選擇用那一種凝固劑，則要看你想製作什麼樣的豆腐。以下是一些參考：

1微甜的鹽鹵豆腐（以下鹽鹵配方擇一使用）

＊2茶匙氯化鎂或氯化鈣（精煉鹽鹵）

＊1½茶匙至2¼茶匙顆粒或粉末的天然鹽鹵

＊1½茶匙至2½茶匙自製鹽鹵汁

＊2至4½茶匙市面上販售的鹽鹵汁

＊1½杯海水（現取的）

2味道清淡的軟豆腐

＊2茶匙瀉鹽（硫酸鎂）或硫酸鈣

＊1½湯匙乳酸鈣和1½湯匙檸檬汁（後者在乳酸鈣加入豆漿後拌入）

3帶點酸的酸豆腐

＊4湯匙現榨檸檬汁
＊3湯匙（蘋果）醋

## 作法

### 事前的準備

一·五杯黃豆用六杯水浸泡十小時，然後洗淨瀝乾。把壓力鍋置於水槽中，把圓型濾盆放在鍋子，擠壓袋先以少許水弄濕，鋪在濾盆上，袋口套在濾盆邊緣。弄濕薄棉布，鋪墊在成形容器的底部和側邊。將成型容器放在水槽中的鍋子邊上。

### 烹煮豆汁

1將七·五杯的水倒進煮鍋中，以大火煮沸。與此同時，把黃豆分成二等份，先將一份黃豆和二杯水一起放入攪拌機，以高速攪拌三分鐘打成均勻平滑的糊狀後，再倒進煮鍋內的熱水。剩餘的黃豆以同樣的做法打成糊狀並加入鍋中（如果使用食物研磨器或碎肉機，攪打黃豆時不要加水，多加四杯水進煮鍋中即可）。倒入少許水到攪拌機中，把黏在裡面殘渣涮出來。

2繼續用大火加熱煮鍋，不時用木鏟攪拌鍋底以免黏鍋。當有泡沫從

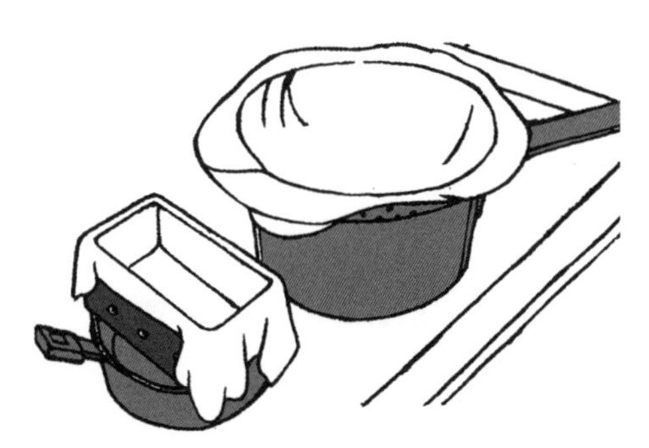

在濾盆上鋪上擠壓袋（圖右），以及在成形容器裡鋪上薄棉布（圖左）。

烹煮豆汁時要不時用木鏟攪拌鍋底，以免黏鍋。

鍋中快速冒出時，迅速關火並把鍋中物倒進擠壓袋。用橡膠抹刀將剩餘的黃豆汁刮入擠壓袋，然後快速地沖洗煮鍋放回爐上。

## 提煉豆漿

1將裝有熱騰騰豆汁的擠壓袋袋口扭緊並打結，使用馬鈴薯搗泥器，將擠壓袋靠著濾盆擠壓，擠出愈多豆漿愈好。打開袋口把豆腐渣搖動至袋子一角，封住袋口再擠壓一次。

2現在，把豆腐渣全部倒進深鍋裡，加入三杯水攪拌均勻後，再放回濾盆上的擠壓袋裡，像前面一樣封緊袋口擠壓，用手擠出最後一滴豆漿，豆腐渣則倒在二公升的燉鍋裡備用。

3在乾的量杯中，量一杯凝固劑待用；把豆漿倒進煮鍋內用大火煮滾，不停攪拌以免黏鍋。將火調至中火煮五至七分鐘，熄火並將鍋子移開火爐。

把煮好的豆汁倒進擠壓袋。

擠壓出豆漿。

用手擠出最後一滴豆漿。

## 凝結豆漿

1 加一碗水到量杯中（如用海水則不加水），攪拌至凝固劑完全溶解。

2 以前後來回移動的方式劇烈攪拌豆漿五或六次，邊攪拌豆漿邊倒入三分之一杯凝固劑。再多攪拌五或六次，要確定每次都有接觸到鍋子的底部和旁邊。停止攪拌後，木鏟先垂直立於豆漿當中，直到所有「豆漿湍流」消失後才將木鏟拿出來。接著，在豆漿表面灑上三分之一杯凝固劑溶液，蓋上鍋蓋，等三分鐘讓凝乳形成，再用量匙攪拌剩餘的三分之一杯凝固劑溶液，打開鍋蓋，將溶液灑在豆漿表面上。

3 緩慢攪拌豆漿表面一公分深、正在凝結中的豆漿十五至二十秒，蓋上鍋蓋等三分鐘（若是用瀉鹽或硫酸鈣當凝固劑，要等六分鐘），打開鍋蓋，再攪拌豆漿表層二十至三十秒或直到所有乳狀液體凝結。

4 現在白色「雲狀」的細緻凝乳應該正漂浮在清澈淡黃的乳清上，若乳清內有未凝結的乳狀液體，等一分鐘後再輕輕攪拌，直到液體凝結；要是仍有乳狀液體，在三分之一杯水裡溶解些凝固劑（約原先份量的四分之一），直接倒入未凝結的液體裡，輕輕攪拌直到全部凝結。

## 豆腐成形

1 將煮鍋放在水槽內準備好的成形容器旁邊，把網眼很細的篩網輕輕地

邊劇烈攪拌豆漿，邊倒入 ⅓ 杯凝固劑。

收集幾杯乳清備用。

將凝乳舀到成形容器當中。

將布邊折疊好，放在凝乳上。

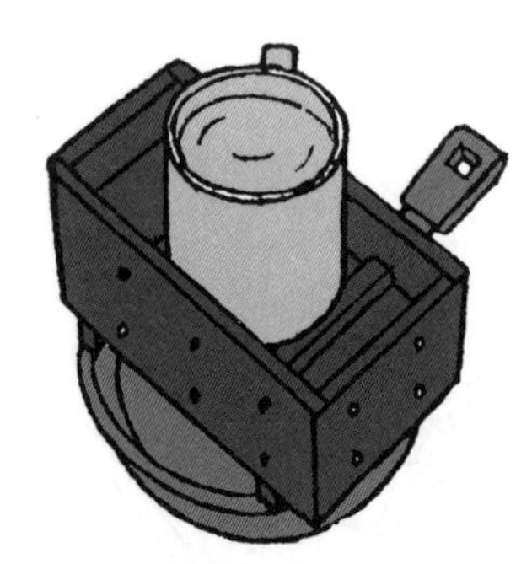
以重物壓凝乳。

壓入鍋內，收集幾杯乳清起來備用，並且取用一些乳清把成形容器內的布弄濕，即可取出篩網，置於一旁。

2將凝乳及剩餘乳清一層層地舀進成形容器，舀凝乳的力道要輕柔，避免把易碎的凝乳弄碎。

3將布邊折疊好，放在凝乳上，在布上放一塊蓋子（一塊小板子或平滑的盤子也可以），拿一個二百二十五至六百八十克的重物放在蓋子上，壓個十至十五分鐘，直到不再有乳清從成形容器裡滴出來為止。

**冷卻豆腐**

1在大水盆（或大鍋子、水槽）內注滿冷開水。把豆腐上的重物及蓋子取下，然後把裝著豆腐的成形容器浸於冷水當中。慢慢倒轉成形容器，在水中讓布包著的豆腐從容器中掉出來，取出容器。接著，在水中小心地打開包裹豆腐的布，將豆腐橫切成一半，泡在水中三至五分鐘，直到豆腐變得結實。

2 取出豆腐時，在每塊豆腐下面接著一個小盤子，並稍稍瀝乾。

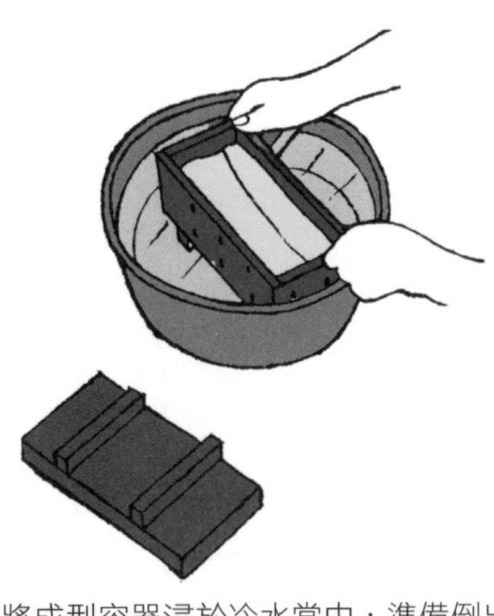

將成型容器浸於冷水當中，準備倒出豆腐。

將豆腐從冷水中取出。

## 享用及保存

做好的豆腐，可以立刻拿來做冷豆腐或湯豆腐，品嚐其最佳風味。

豆腐必須放在陰涼的地方保存，直到準備要食用，如果不會在八至十小時內食用，則需存放於冷水中。

剩餘的一百七十至二百克的豆腐渣（一杯壓實的份量）可以直接用來做豆腐渣料理，或是以密封容器保存在冰箱中。使用六至七杯的乳清來當湯料或清洗廚具。

## 幾種變化版

***農家硬豆腐或中式木棉豆腐：**我們發現這種豆腐擁有最佳的風味、口感和氣味，但其製成量明顯較少，因為水分會在製造過程中大量流失——蛋白質或其他營養仍然保留著。

1在一個大鐵鍋中開蓋烹煮豆汁糊，如果可能的話，使用新收成的日本國產有機黃豆。

2使用鹽鹵類的凝固劑來凝結豆漿，然後將凝乳迅速舀進成形容器中，以九百克的重物壓擠三十至四十分鐘，然後把容器反轉，讓豆腐置於蓋子上（或者也可以把容器四邊抽起，再拆開包布取豆腐），不需要浸於水中。

***簡易作法（省略沖涮再擠壓豆腐渣）：**這個作法簡化了基本作法（見第143～147頁），豆腐的製成量也會比原本的稍低。

1將原來的五杯水改成七杯水進行加熱。

2第一次擠壓出豆漿後，在濾盆上打開擠壓袋，讓豆腐渣放涼三至五分鐘；在放涼豆腐渣的同時，再次開火煮豆漿。接著，用手把稍放涼的豆腐渣中的豆漿再擠到煮鍋當中。

***在擠壓豆腐渣前將豆漿徹底煮熟：**這種方法跟大多數豆腐店所採用的方法很類似，但在過程中會使用水來取代油和石灰當消泡劑，因此得使用一個厚底的鍋子來煮，不然豆漿會溢出來。

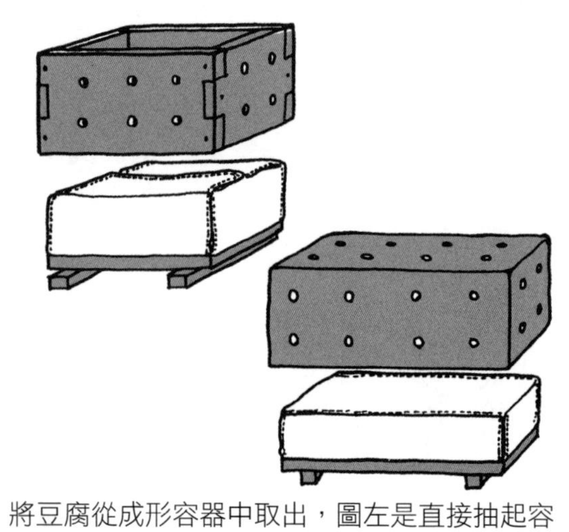

將豆腐從成形容器中取出，圖左是直接抽起容器的四邊，圖右則是先反轉容器再取豆腐。

1在一個九．五至十一公升的鍋中，將豆汁糊倒入九杯水一起煮，當泡沫開始浮起時轉小火，隨即灑上〇．二五杯開水代替油和石灰作為消泡劑，並同時用木匙不停攪拌，讓泡沫浮起，然後再灑水，重複此步驟三次以上（整個熬煮時間共約十五分鐘）。

2把鍋中物倒進擠壓袋內，徹底擠壓豆腐渣（省略沖洗及再壓擠豆腐渣兩個步驟），當所有豆漿都已從豆腐渣中擠出後，把凝固劑溶進一杯溫開水中，然後倒入擠壓鍋中的豆漿內，由於豆漿的溫度較低，故凝固劑的份量可能得稍微增加一些。

**＊製作成品量多的軟豆腐：**待豆漿放涼至攝氏七十七度後，才將硫酸鎂或硫酸鈣凝固劑拌入豆漿內，等十五分鐘後，把凝乳慢慢舀進成形容器中；以八十五公克的重物擠壓十五分鐘後，豆腐要在冷水中浸泡十分鐘後，才把包布打開。若是浸泡一小時以上，味道會更清淡。

**＊稍微調過味的豆腐：**將二杯水及一～一．五茶匙鹽拌進碗內或一個瓶口較大的瓶子中混合均勻。把冷卻的豆腐切成四公分的小方塊後，放進鹽水中，把瓶子蓋好，放入冰箱冷藏至少八小時。如果想要味道淡一點，可以在取出豆腐前先煮開鹽水。

## 用豆漿粉自製豆腐

使用豆漿粉製作出的豆腐，味道比不上用黃豆原粒製作出來的豆腐，成本也比較高，但製程只需約三十五分鐘（使用原粒黃豆製作約需五十分鐘），製程相對簡單些（少了磨碎黃豆和壓擠豆腐渣的步驟）。

一杯豆漿粉可製作出的豆腐成品量，和一杯黃豆所能製作的豆腐成品量差不多。要注意的是，使用豆漿粉製作豆腐時，凝乳分離出來的乳清，會比使用黃豆原粒製作時所分離出的乳清更白且渾濁——即使在凝乳成形後，也是一樣。

**材料**（可製作600～690克豆腐）

豆漿粉……1杯
水……9杯
凝固劑（可選用任何一種凝固劑，份量可參照第142頁）

**作法**

1把豆漿粉和開水拌進一個四至六公升的鍋中，攪拌至豆漿粉完全溶解後再熬煮，期間須不時攪拌。
2用乾燥的量杯裝量好所需份量的凝固劑後，先放置一旁備用；當豆漿煮滾之後，火稍轉小一些，繼續煨個三分鐘。
3凝固劑加一杯開水，拌至溶解，然後依照「在家自製豆腐」（見第145頁）的步驟繼續後續的製程。

## 發酵法自製豆腐

這種豆腐製作方法與豆漿優格（見第206頁）有密切關連。廚房內漂浮於空氣中的細菌會進入豆漿並產生乳酸，而這些乳酸便成為一種能將豆漿蛋白質凝結成凝乳的凝固劑。用這種方法所製作出來的豆腐，會帶有少許酸味，質地易碎（像白乾酪般），最適合運用於製作沾醬、抹醬或醬汁的食譜中。

**材料**（可製作540～660克的豆腐）

黃豆……1½杯
水……10杯

**作法**

1將黃豆浸泡在一公升的水中隔夜，然後洗淨瀝乾。
2按「在家自製豆腐」「烹煮豆汁」（見第143頁）和「提煉豆漿」（見第144頁）的步驟來製作豆漿，但只用二．二五杯（而不是七．五杯）水來煮。
3煮好後，鍋子離火，先稍放涼，然後才把豆漿倒入一個開口較大的瓶子中，不用蓋上蓋子，先靜置八至十小時，再蓋上瓶蓋。接著，將豆漿於室溫（最少二十一度）靜置約十八至三十六小時，或是直到凝乳凝固且開始分離出乳清。
4在濾盆上鋪上擠壓袋或粗布塊，慢慢將凝乳倒在上面，讓凝乳瀝乾二十分鐘，接著將擠壓袋口打結。
5鍋中加入四杯水及一茶匙鹽煮開後，放入擠壓袋再煮開，然後稍轉小火，煨煮二十分鐘後，取出擠壓袋。依照「在家自製豆腐」中「豆腐成形」（見第145頁）中的「步驟1」繼續進行，或是再擠壓袋子裡的豆腐，以製成「再成形豆腐」（見第158頁）。

# 自製五目豆腐

雖然五目豆腐如今在日本已不再普遍，但傳統豆腐店過往經常會在節日或收到特別訂單時製作這道美味的豆腐。五目豆腐通常會像做油豆腐塊那般經過油炸，目前在一些高級的超市裡，仍然有在販售這種油炸種類的豆腐。

**材料**（可製作約620克的五目豆腐）

自製豆腐所需要的材料（見第141頁）……1份
胡蘿蔔碎末……¼杯
切碎的牛蒡或蓮藕……¼杯
切碎的蘑菇或木耳……¼杯
青豆、新鮮玉米粒或銀杏果……¼杯

**作法**

1 青豆在加了少許鹽的水中先預煮備用。
2 按「在家自製豆腐」的「烹煮豆汁」（見第143頁）和「提煉豆漿」（見第144頁）步驟來製作豆漿。
3 煮豆漿五分鐘後拌入蔬菜，再按照自製豆腐法的「凝結豆漿」（見第145頁）和「冷卻豆腐」（見第146頁）的步驟繼續料理。可作為冷豆腐食用，或是油炸作為自製豆腐塊來食用。

## 處理豆腐

不同的方法步驟能賦予豆腐獨特的黏稠性和質地，最好能在一開始時就設法掌握其精要。以下八種技巧按剩餘在豆腐內的水分來排列，是一般烹調豆腐時常用到的步驟。預煮是第一種技巧，這種方法只去除相當少量的水分；搗碎豆腐能除去65%以上的水分，讓豆腐變得很紮實，並含有超過20%以上的蛋白質。上表顯示出每一種技巧對一塊原本含有7.8%蛋白質和84.9%水分的三百六十克豆腐的重量、蛋白質成分和水分含量所產生的效果。當豆腐經過搗碎或攪碎處理後，二百七十克為一杯，而三百六十克為一．五杯。

**不同準備功夫，**
**讓一塊 360 克的豆腐因為水分流失出現不同的變化**

| 預備技巧 | 豆腐重量（g） | 蛋白質含量（%） | 重量減少比例（%） |
|---|---|---|---|
| 預煮 | 345 | 8.0 | 3.5 |
| 瀝乾 | 300 | 8.5 | 17.0 |
| 擠壓 | 255 | 10.0 | 30.0 |
| 壓榨 | 195 | 13.0 | 47.0 |
| 炒碎 | 189 | 13.5 | 48.0 |
| 再成形 | 135 | 19.0 | 63.0 |
| 搗碎 | 120 | 20.5 | 66.0 |
| 磨碎 | 120 | 21.0 | 67.0 |

### 預煮

在水中加入少量鹽，不只能稍微調味豆腐、讓豆腐有更紮實的口感，亦可減低豆腐在較長預煮過程中可能會產生的多孔結構（但你並不希望出現），因此烹調湯豆腐和其他鍋物料理時通常會加入昆布或鹽。預煮可用於普通豆腐和絹豆腐，預煮至少有四種不同目的：

1在淋上熱醬料食用前，將豆腐重新加熱。
2把被保存過且有變壞跡象的豆腐變得新鮮。
3使豆腐質地變得硬一些，如此當豆腐在滷汁或高湯中煨煮或燉煮時，可以煮得入味卻不會稀釋高湯或滷汁的味道。
4在製作日式豆腐沙拉時，可以給予豆腐想要有的些微黏合性。

不過，由於預煮會造成豆腐流失少許精緻風味，所以若非必要，我們不建議預煮豆腐。

1**一般預煮**：在煮鍋中煮開一公升左右的水，轉小火，放入豆腐；加蓋煮二至三分鐘，或是直到豆腐徹底加熱（若想要有更紮實的口感，可以在預煮前先將豆腐切成四等份），使用漏勺撈起豆腐。
2**鹽水法**：在煮鍋中放二杯水煮開，加〇．五茶匙鹽，放入三百六十克的豆腐（不用切），煮至水滾後將鍋子離火，待涼二至三分鐘後，再把水倒掉，取出豆腐。

## 瀝乾

瀝乾豆腐，或是豆腐不浸在水中保存（若豆腐不是放在水中保存，記得不能放超過十二小時，請在此時間之內料理或食用），能使豆腐變得相當紮實且保存其原有味道。當豆腐是放在水中保存，其天然微甜的味道很容易隨著浸泡時間拉長而流失，一塊三百六十克的豆腐在瀝掉水分八小時後，會失去相當於其重量17％的水分，因此，一份最後重達三百克的豆腐，其蛋白質含量比例會由7.8％增至8.5％。

瀝乾豆腐的方法是把豆腐放進一個一或二公升的平底容器中，蓋上蓋子，放入冰箱冷藏約一至二小時，如果想讓豆腐質地更結實一些，則可以放隔夜。

如果可以在容器裡放個小濾盆或摺疊好的乾淨毛巾，瀝乾的效果會更好。

此外，你也可以把兩塊豆腐上下疊放，如此一來，下面的那塊豆腐就會像被擠壓過那般紮實。要是你所購買的豆腐是裝在密封的塑膠盒中的話，可以在盒底刺一個小孔，以上述方法把豆腐和塑料盒一起放入容器內瀝乾水分。

## 擠壓

擠壓豆腐，最主要是為了保持豆腐的形狀和結構，以便之後切成薄片。如果豆腐垂直拿起來的時候，可以懸空而不碎開，就表示這塊豆腐是徹底擠壓過的。

擠壓時間的長短會因為不同的菜餚而有所不同：稍微擠壓豆腐能保留豆腐的柔軟，適合用於涼拌沙拉；長時間擠壓而較為結實堅固的豆腐，則適合用於油炸。

要注意的是，由於絹豆腐細緻的質地和其獨特的結構（裝著水分的百萬個小「細胞」），我們通常不會在料理時擠壓絹豆腐；而中式木棉豆腐的結構緊密且含水量低，所以可以直接（不需擠壓）用於任何一種需要擠壓豆腐的食譜中，你只需要在使用前用布拍乾木棉豆腐的表面即可。

### 1 布和冰箱擠壓法

將豆腐用一塊摺成四摺的毛巾布或棉布緊緊包著，然後放在一個碟子上，放入冰箱二小時或冷藏隔夜。

如果想要減少擠壓的時間，可以先瀝乾豆腐，將一至一．五公斤的重物壓在豆腐上約三十分鐘，將濕毛巾換成乾毛巾，或是擠壓前橫向將豆腐切成一半，再用毛巾包裹著豆腐。

一般版布和冰箱擠壓法。

省時版布和冰箱擠壓法。

**2 斜壓法**

用一塊毛巾或竹簾把豆腐包起來（或將豆腐夾在竹簾中間），然後將豆腐放在靠近洗碗槽旁的砧板、托盤或大盤子上，再將砧板其中一邊的尾端墊高數公分，放置一個一至二公斤的重物在豆腐上，靜置三十至六十分鐘。

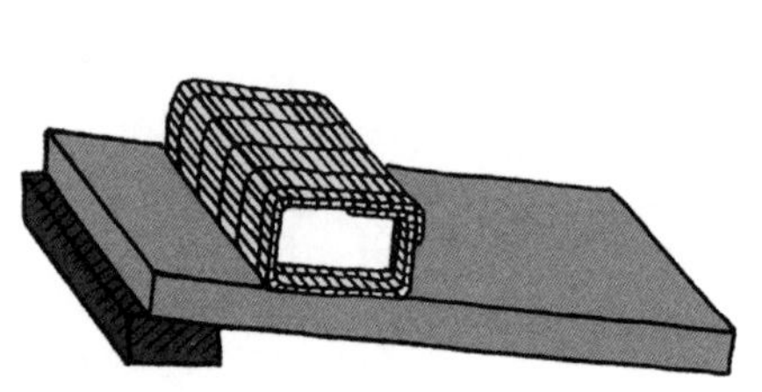

斜壓法擠壓豆腐。

**3 豆腐切片法**

把豆腐橫切成一．五公分厚的薄片，在已架起的砧版上鋪上兩條毛巾，然後將豆腐放在毛巾上面，再於

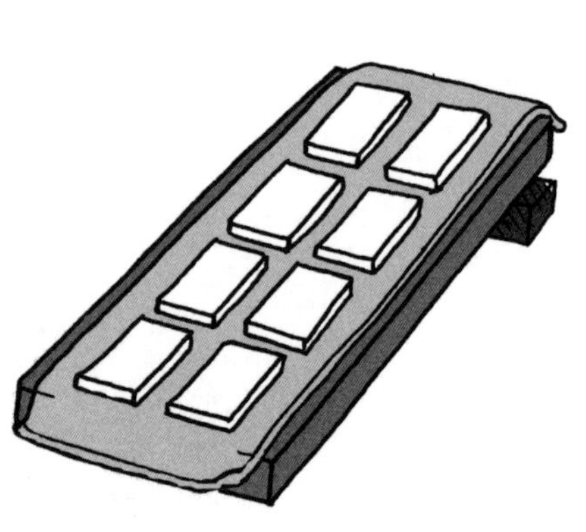

切片法擠壓豆腐。

豆腐上覆蓋上兩層毛巾，輕輕拍按以確保豆腐有均勻地接觸到布面，然後靜置三十至六十分鐘。這種方法通常用於製作油炸用的豆腐，如果想要快一點達到效果，可以將砧板和二公斤的重物壓在豆腐上，請每十分鐘更換毛巾。

## 壓榨

以這種方法製作出來的豆腐碎泥，會有些微的黏稠性，其口感近似白乾酪。

在一塊大乾抹布的正中央放上瀝乾（見第154頁）、預煮過（見第153頁）或擠壓過（見第155頁）的豆腐，再把布的四角對角拉起形成小布袋，將布的四角扭緊打結，封住袋口，然後緊緊地壓榨豆腐，搓揉二至三分鐘，儘量將水分都濾出。壓榨時請輕輕用力，避免把豆腐擠到穿透布袋。最後，把壓榨過的豆腐倒進大碗內即可。

## 炒碎

利用這種方法，能使得豆腐凝乳和乳清更進一步分開，導致其口感有點像壓榨過的豆腐，不過，炒出來的豆腐，其質地會比壓榨過的豆腐更密實且更鬆碎。

將豆腐放入未加熱過的平底鍋內，用（木）匙將豆腐弄成小塊，開中火

壓榨豆腐。

炒碎豆腐。

炒四至五分鐘，期間必須不停攪拌，繼續把豆腐弄得更加小塊，直到凝乳分離出乳清。接著，將搗碎豆腐倒入篩孔很細的過濾器。

如果喜歡軟一點的質地，讓凝乳瀝乾約十五秒；如果喜歡硬一點的質地，可瀝乾三分鐘。最後，把凝乳平均地鋪在大盤子上，待涼至室溫即可。

## 再成形

這種處理法會讓豆腐的質地變得非常結實、緊密，與天然乳酪、中式豆腐干或加工火腿類似。在日本，豆腐乾叫「押し豆腐」，多用於需要將豆腐切成薯條般大小的料理中，這樣的豆腐在烹調和翻炒過程中仍可保持其形狀。

這裡會介紹二種方法：第一種方法所需的準備時間是第二種方法的兩倍，但能保留更多豆腐原有的風味及口感，如果你在過程中加入少量的鹽，既可防止豆腐出現一種有彈性的網狀結構，同時還能調味。第二種方法則能使豆腐有更紮實的結構，使其在煎煮的過程中不容易散開；經過這樣處理的豆腐會流失少許原本的風味，但如果你是用經典的中式濃郁醬料料理豆腐的話，豆腐風味上的變化就不容易被發現。

### 1 結實的調味豆腐

深鍋中放入七百二十克豆腐和一茶匙鹽，拌勻並不停地攪拌，以中火煮四分鐘或直到豆腐開始充分的滾動；把豆腐倒進放在水槽中鋪著布的濾盆，瀝乾數分鐘。接著，將

結實的調味豆腐。

布和豆腐一起放在砧板上，把布邊摺疊覆蓋在豆腐上，把豆腐弄成約十三公分方形和二．五公分厚的塊狀，把一個裝了三或四公升水的鍋子放置於覆蓋著布的豆腐上，在陰涼處壓一至二小時，打開布並且按食譜需要的大小切塊，或是用乾布重新包起來並放入冰箱內備用。

**2 非常結實的豆腐**

依後文的「搗碎法」那樣，以未加鹽的水來煮豆腐，將水倒出後，再依照「結實的調味豆腐」那樣用裝了水的鍋子加壓豆腐，加壓約三十至六十分鐘。

## 搗碎

這種處理法能夠將豆腐的含水量減至最低，如此便能使豆腐的口感變得像稍微煎過、易碎的漢堡排。這種豆腐會更紮實、輕淡且鬆軟，適合用於涼拌沙拉、雞蛋、穀類菜餚、義大利麵、咖哩醬，以及砂鍋料理等（絹豆腐也可以用搗碎法或炒碎法〔見第157頁〕處理過，然後再像後文所敘述的那般進行擠壓）。

深鍋中加入三百六十克豆腐和一杯水，在將水煮滾的同時，邊用木匙或刮刀把豆腐弄成小塊。水開後轉小火，再燉煮一至二分鐘。在濾盆上鋪上一塊大布（或一個豆腐擠壓袋）並放進水槽內，將深鍋裡的豆腐倒在布上，提起四角作成一個袋形，然後扭緊打結，用罐子的底部或馬鈴薯搗泥器，緊緊擠壓濾盆上布袋中的豆腐。

搗碎豆腐。

儘可能使大部分水分流出來，再把擠壓好的豆腐放進碗中待涼數分鐘，用手指或湯匙把碎豆腐剁弄得更小塊。

## 磨碎

這種方法可以讓豆腐像搗碎過的豆腐那樣輕淡乾爽，但其口感會更細膩均勻。使用普通豆腐或絹豆腐皆可，先以再成形（見第158頁）或搗碎（見第159頁）的方法處理過，再將豆腐放在冰箱，冷藏至豆腐徹底冷卻，如果有需要的話，可切成大塊，然後用碎肉機絞碎，粗細調至中細程度即可。

用碎肉機絞碎豆腐。

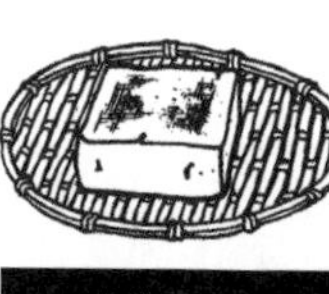

CHAPTER 9

# 日式油炸豆腐

在日本，豆腐店裡最常見的油炸豆腐有三種。

1 **油豆腐塊（厚揚げ）**：這是經過擠壓並油炸的整塊普通豆腐。

2 **日式油豆腐餅（雁も／雁擬き）**：這是一種漢堡狀的油炸豆腐餡餅，或是含有蔬菜和芝麻並用力擠壓過的炸豆腐小丸子。

3 **油豆腐泡（揚げ／薄揚げ）**：一個小袋或泡狀的油炸豆腐，裡面可以填入沙拉、穀類、煮好的蔬菜或其他餡料。

大部分的日本廚師和豆腐師傅都認為，油炸豆腐是各種豆腐種類中，最合西方人口味和烹調方式的。這三種油炸豆腐有著與眾不同的營養風味、金黃的表面，以及類似肉類的口感，會讓人聯想到炸雞。事實上，日式油豆腐餅原文之意正是「素鵝」（註：漢字「雁」是野鵝的意思），這種美味的豆腐源自一位想品嚐野鵝肉滋味的廚師——在當時的社會中，只有日本貴族才被允許品嚐鵝肉這種珍饈。

油炸豆腐可以在各種料理中作為美味又便宜的肉類替代品，它在經過燒烤或焰烤後會有一種精緻的燒烤香味；加入砂鍋中、與蔬菜一起煎炒或加進咖哩和意大利麵醬裡，則可以增添食物的份量、口感和大量的蛋白質；若加在三明治、蛋料理或披薩中，也可代替火腿肉或培根；經過冷凍後，油炸豆腐的結構會徹底發生改變，這會讓它更像肉，而且能吸收汁液。

油炸和擠壓的過程，會讓油炸豆腐流失大量的水分，所以即使不放進冰箱冷藏，油炸豆腐也能長時間保持新鮮，而正是這個原因，即使是在氣溫偏高的夏天，油炸豆腐也很適合作為便當菜，或是在野餐、健行之時食用。更重要的是，油炸豆腐很適合在熱帶地區食用，例如冷藏設備不甚普遍的印度或非洲——事實上，在亞熱帶地區的臺灣、較溫暖的中國地區和日本最南部地區，油炸豆腐的使用，在所有豆腐中占了相當大的比例。

油炸的過程除了賦予豆腐濃郁的風味和香氣外，也增添了相當容易消化的多元不飽和脂肪，因此，當我們用油炸豆腐取代料理中的肉類，它就成了均衡飲食所需要的脂肪酸來源，同時也可以降低飽和脂肪的攝取（註：因為減少肉類的攝取）。

油炸豆腐還含有豐富的蛋白質，油豆腐塊、日式油豆腐餅和油豆腐泡分別含有10.1％、15.4％和18.6％的蛋白質，我們可以看到，日式油豆腐餅和油豆腐泡的蛋白質百分比含量，其實比雞蛋或漢堡（13％的蛋白質）來得高。一般來說，光是一塊一百五十公克的油豆腐塊，便可以提供人體每天所需蛋白質的三分之一了。

油炸豆腐在剛炸好還酥脆且熱騰騰時最美味，而且，這三種油炸豆腐都可以依照後文的作法，自己在家

DIY，用一般豆腐來製作就可以了。當然，你也可以在店舖購買，而且不必再加熱或烹調，搭配任何一種基本日式沾醬調味食用，或是在稍微焰烤以後，加入沙拉中食用，都非常美味。

幾乎每種日本料理中都能使用油炸豆腐，在日本，大約有三分之一的食用豆腐是油炸豆腐——據統計，單單是油豆腐泡，豆腐師傅們每天就要準備一千萬個以上！在大多數的豆腐店裡，製作油炸豆腐這種高難度工作是交由豆腐師傅的妻子來負責的。豆腐師傅夫婦倆會肩並肩地一起工作，因為在一般傳統的豆腐店內，製作豆漿的鐵鍋旁邊通常就是油炸區。油炸槽基本上會有二個，其中一個保持適溫，作為初步油炸和慢炸使用，另一個則保持高溫，好讓豆腐膨脹並擁有漂亮的金黃色表面。

製作精緻的油炸豆腐，用具其實非常簡單，只需一雙長筷子、兩個撇取浮物的小器具，以及一個放在陶器上的瀝籃即可，而新鮮炸好的酥脆豆腐會被移到美觀大方的竹製托盤中待涼。

新鮮炸好的油豆腐塊。

傳統豆腐店的油炸區。

油炸用具，以及竹編托盤（最右）。

# 御煮染和關東煮

御煮染和關東煮，都是在日本很受歡迎的菜餚，而油炸豆腐通常都是其中基本材料之一。

## 御煮染

滷煮菜餚（註：原指將食材放入加了日式高湯、醬油、酒、味醂等調味料的湯汁中，慢慢煮至湯汁減少或收乾的菜餚，日文寫作「煮しめ」）在春分、秋分祭典、習俗祭奠、國定節日都很受歡迎，也常常當作特別的菜餚放入便當盒中；新年時，烤豆腐會用來取代、或與平時用的油炸豆腐一起使用，在舊曆年的最後一天，人們會準備足夠接下來一週食用的御煮染（お節煮しめ），據說它的味道會一天比一天更好。

御煮染的食材可以一起燉煮，但因為每個食材燉煮入味的時間不同，所以有些廚師會比較喜歡先將每項材料個別烹調，每樣煮好的食材分別浸在個別的高湯裡隔夜入味，但在與其他食材一起盛上食用時並不加入高湯。

如果用較少的高湯來準備滷煮菜餚，直到吸收所有湯汁，就會變成一種柔軟而具有光澤的菜餚「旨煮」。如果食材先在未經調味的日式高湯中烹煮，等到快煮好時才調味，並與大量的高湯一起食用，這樣的滷煮菜餚則稱為「含め煮」。

御煮染、旨煮和含め煮都是很受歡迎的燉菜（註：日文漢字為「煮物」），也都非常適合用來煮豆腐。

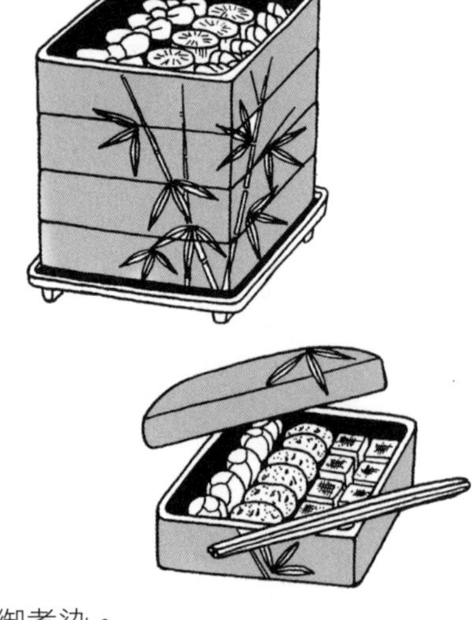

御煮染。

## 關東煮

當十月的夜晚開始變得寒氣逼人，關東煮推車便成了東京街道為人熟悉、且受歡迎的景象。

每座架在兩輪腳踏車上的舊型木貨攤上，都掛著一個煤氣燈籠，照亮一個設備完善的小巧廚房。炭火爐上，食物在兩鍋香氣濃郁的深色高湯中燉煮著。大瓶的醬油、清酒和水「隨時待命」，在一旁等著補充加進那冒著熱氣及氣泡的高湯中。一把刀子和一雙長筷，則忙著給聚集在這個溫暖小樂土的客人們，送上晚餐或小吃；在這裡，你會看到各種豆腐、油炸豆腐和二十種以上的食材在湯鍋內一起燉煮。

在鄰近東京的郊區社區裡，關東煮小販則會在晚餐時刻漫遊於街上，拉著他的推車，搖起人們熟悉的鈴聲。如果有人向他招呼，他就會在那人家的門前停下，為客人準備關東煮——日本最古老的一種現成料理之一，然後離開繼續前進，並且留下一股淡淡的美味香氣，飄蕩在寒冷的空氣中。

在日本，勞工階級的旅店和酒吧門口總是掛著一個大紅色燈籠，上面用黑毛筆寫著關東煮的書法字；一年中的每個晚上（尤其是在寒冷的月份），在室內熱騰騰享用的關東煮，是熱清酒的最佳配菜。

在京都高級的關東煮店（例如蛸長，見289頁），或是在東京的京都料理店（例如お多幸），關東煮是在清靜高雅的環境裡品嚐的。人們坐在高高的正方形高腳凳上，靠著以未經加工的木材製成的簡單卻高貴的吧檯，每位客人會從放在吧檯旁發亮的銅

關東煮小販。

盤裡單點喜愛的食物，這個銅盤大約三十公分乘以九十公分大，裡頭燉煮著許多種類的食物。在客人神清氣爽地用一塊濕潤的熱毛巾擦著雙手和臉的同時，穿著白衣的店主會興致高昂且迅速地將客人點餐的食物盛在小碟中，用鋒利的刀快速地將豆腐、蘿蔔和馬鈴薯切成小塊，然後在食物上倒少許熱高湯，再放上少許芥末，不浪費一秒的時間，立刻送到客人面前。

隨著夜色漸深，吧檯內不顯眼的紙卡上也陸續被店主記錄上客人點餐的帳單，每樣單品都有不同卻合理的價格。

在日本的農村家裡，關東煮是最古老且最受歡迎的鍋料理中之一，起居室內的地爐（第66、176頁）上吊著的大鐵鍋，用炭火慢慢地、悠閒地燉煮著關東煮，讓食物產生最精緻的風味。

關東煮（おでん）是日文「煮込み田樂」（註：水煮田樂）的縮寫。豆腐田樂原本是在烤豆腐上面鋪一層味噌，大約一七五〇年以後，蒟蒻也開始用類似的方法烹調，但在後期，蒟蒻不再拿來焙烤，而是被切成大三角形，放在以味噌調味的高湯裡熬煮，漸漸地，其他的材料如馬鈴薯、蘿蔔和各式魚肉腸也加進濃郁高湯裡，而味噌也被一小撮辣芥末醬取代。

據說，「關東煮」這個詞首度出現，是在一八五〇年一齣名叫「慶安大辟」的知名話劇裡，劇中有個角色說：「看起來他們好像正在品嚐關東煮和清酒。」

關東煮源自東京地區，在那裡的勞工或中下階層的酒吧裡，通常會吃關東煮配清酒，高湯用醬油和味醂或糖十足地調味過，所以顏色相當深，食材會用高湯燉煮好幾小時，直到變成深琥珀色。然而，當關東煮流傳到較有貴族氣息的京都地區時，便出現了一些變化。當關東煮變身為精緻料理店的高級料理，其食材的選擇更加多元，顏色相對來說較淺——因為高湯是謹慎地使用日式淡味醬油、鹽和清酒調味而成。

一九二三年的關東大地震之後，京都新式的關東煮被帶回了東京，與東京原本源自中下階層但同樣美味的古早味關東煮並存，而融合了「古早味」與「現代味」的混和口味也變得愈來愈受歡迎。

# 三種油炸豆腐

## 1 油豆腐塊

油豆腐塊就是炸好的整塊豆腐，在日文中稱為「生揚げ」（新鮮或生的油炸豆腐）和「厚揚げ」（厚的油炸豆腐），兩者可以交互使用。「厚」，是相對於如紙般薄的油豆腐泡、餡餅般的日式豆腐餅而言；至於「新鮮」和「生」，則是用來形容當豆腐被非常燙的油油炸時，只有表面發現改變，裡面仍如同用力擠壓過的普通豆腐一樣細嫩柔軟。

在這麼多種日式和中式豆腐中，我們始終覺得油豆腐塊最合西方的口味及烹調方式——在西方日常料理裡，使用油豆腐塊的機率勝過其他任何種類的豆腐。普通豆腐紮實且柔軟的特質，經過油炸後會添增其鬆脆感和結實感，風味和香氣也會變得更加濃郁，相當獨特。

油豆腐塊的蛋白質含量並不會少於普通豆腐，但烹調過程中或跟沙拉一起攪拌時，油豆腐的形狀能維持得較好。

由於油豆腐塊的水分含量少、質地軟嫩且類似肉類，因而很適合用於砂鍋及焗烤料理中。此外，它還比

關東煮。

普通豆腐更容易運送，新鮮度保持得較長久，也比普通豆腐更容易吸附湯汁和味道。冷凍的油豆腐塊比日式豆腐餅、油豆腐泡更多孔且柔嫩，因此加入醬汁、濃湯及煎炒蔬菜中會顯得特別美味。

在日本，油豆腐塊大多是用一整塊約三百六十克的普通豆腐製成（在某些情況下，會用前一日製作的豆腐），豆腐被排放在鋪於大木板上的竹簾上，數層木板、竹簾和豆腐疊成三明治狀，一邊的尾端被抬高，下面用一個大木桶撐著，木板上則放兩個盛滿水的小木桶來擠壓木板，擠壓個二十至四十分鐘，以減少豆腐的水分，使之變得適合油炸。擠壓好的豆腐不裹麵糊，直接放進熱油裡油炸數分鐘，直到酥脆且表面呈金黃色為止。炸好的豆腐，其所含的蛋白質量和原本的豆腐一樣，但重量只剩約一百五十克，體積也會稍微縮小。

最初，日本所有的油豆腐塊都和它的中國祖先一樣，是做成三角形的，據說是東京的豆腐工匠首先把它改成長方形，因為這樣比較容易製作，也方便切成小方塊。

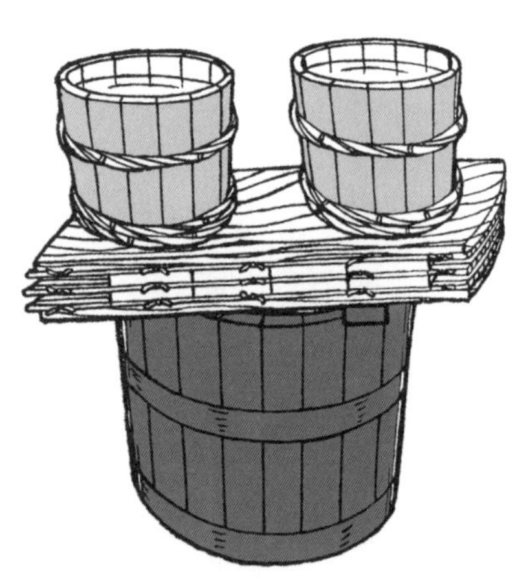

擠壓豆腐以製作油豆腐塊。

油炸豆腐成油豆腐塊。

不過，京都地區大部分的油豆腐塊仍然是製作成三角形來出售，稱作「三角油豆腐塊」。它們跟長方形的油豆腐塊一樣厚，每邊長約五至九公分，在許多半傳統和現代化的豆腐店裡，會把二十至三十塊的三角形豆腐排放在網盤上一起油炸。

在東京和京都，也有許多豆腐店會將普通豆腐平均切成四塊，然後炸成「油豆腐角」，這些油豆腐角大約二．五×二．五×五公分大小，非常適合放在湯裡或做成開胃小菜。

另一種較少見的油豆腐塊是「五目油豆腐塊」，這種油豆腐塊裡有青豆、芝麻、紅蘿蔔泥、牛旁、蘑菇、昆布或羊栖菜（鹿尾菜），這些食材在凝乳被舀入成形盒前就被輕輕拌入豆漿凝乳當中。五目豆腐（見第152頁）經過擠壓並油炸後，其獨特味道和質感很類似日式豆腐餅。

日式豆腐餅和油豆腐泡在臺灣和中國都非常稀有，當地大部分的油炸豆腐是由中式豆腐乾製成長寬約五公分、一公分厚的三角形出售。有些地方則會將小塊的油豆腐塊當作零食，搭配楓糖或蜂蜜食用。

在西式烹調中，油豆腐塊可以整塊拿來當作「牛排」，燒烤或焙烤時特別好吃，若家裡有小型炭火爐，不妨嘗試看看在室內料理豆腐。一些行家認為，料理豆腐時，先在表面劃個幾刀，稍微灑上日式醬油後，熱呼呼地當成前菜食用，味道最好。

在傳統日式料理之中，油豆腐塊大多用於鍋料理，與各種不同的蔬菜在調味過的高湯裡燉煮。關東煮是

將三角型豆腐排放在網盤上一起油炸。

日本最受歡迎的冬季雜煮料理，就經常會使用到三角油豆腐塊；同時，油豆腐塊也是滷煮菜餚中最常使用的豆腐種類，就算經過數小時的煨煮，油豆腐塊依然能保持原來的形狀，還能吸收其他一同烹煮的各種食材的滋味。在燉煮前若能先用滾水燙過以去除油豆腐塊表面的多餘油脂，更能幫助入味。

**自製油豆腐塊**

選用新鮮或隔夜的普通豆腐皆可，快要變質的豆腐在經過油炸後，會恢復其新鮮度和美味。

你可以用乾抹布在豆腐上輕拍來代替擠壓，去除多餘的水分。一份約三百六十克的豆腐在擠壓並油炸後只剩大約一百五十克重，因此，蛋白質比例便從7.8％提升至15％了。

**材料**（2～4人份）

三百六十克的豆腐……2塊

油炸用油……適量

**作法**

1將油倒入鍋中，加熱至攝氏一百九十度後，小心地將擠壓過的豆腐滑入鍋中，油炸二至三分鐘，直到豆腐浮起。過程中記得偶爾攪拌一下，以免豆腐黏鍋。

2將豆腐翻面，再多炸三十秒，或直到表面酥脆金黃，再撈起置於鐵絲網架上瀝油幾分鐘，接著用炸物吸油紙輕拍豆腐。

3 想品嚐現炸油豆腐塊的最佳風味，滴些日本醬油，搭配生薑根泥或蘿蔔泥，以切細片的青蔥作裝飾，立即食用。如要保存油豆腐塊，豆腐先放涼後，再放進玻璃紙製的袋子內密封起來，放入冰箱。

## 百變油豆腐

**＊三角油豆腐塊或油豆腐角：**將豆腐擠壓後斜切成對半或平均切成四塊，放入鍋內油炸。趁熱搭配日式醬油、蜂蜜或楓糖食用，或和蔬菜一起放入鍋料理巾或甜醬油汁（見第190頁）裡燉煮。

**＊五目油炸豆腐：**製作任何一種五目豆腐（見第152頁），並切成三百六十克的豆腐塊，擠壓後放入鍋中油炸。立刻與日本醬油及喜歡的配菜一起食用，也可以與蔬菜在甜醬油汁中燉煮。

**＊網狀中式油炸豆腐**（註：蘭花干）**：**將一塊三百六十克的豆腐擠壓至非常結實，然後劃六至八刀斜痕，深度約豆腐厚度的一半（見第270頁下圖），將豆腐翻面，同樣劃斜痕。雙手握著豆腐兩端輕拉，並扭轉豆腐，讓切口稍微打開變成粗糙的網狀，放入鍋中油炸。炸好後，用刀子在豆腐每個切口上再切下去，然後整塊放入日式甜醬油汁（見第190頁）裡和蔬菜一起燉煮。

### 自製厚油豆腐袋

厚油豆腐袋是油豆腐泡的最好替代品，因為油豆腐泡比較難自行製作。你可以將煮好的穀物、蔬菜、雞蛋或麵填塞到厚油豆腐袋裡當午餐，此外，你也可以將厚油豆腐袋沾裹上麵衣油炸，或是放入日式甜醬油汁（見第190頁）裡燉煮。你可以自製油豆腐塊或在店鋪內購買油豆腐塊來製作厚油豆腐袋。

**作法**

1將一塊油豆腐塊（十×七．五×二．五公分）斜切成一半，便可製成兩個厚油豆腐袋。小心地將中間軟綿綿的白色豆腐舀出備用，將空心的豆腐袋用於需要使用油豆腐泡的料理中。

2若想要製作大一點的油豆腐袋，在油豆腐塊的一端切一條半公分深的切口，將豆腐舀出來即可。

**自製凍油豆腐塊**

當我們將油豆腐塊放入冰箱內冷凍，它的內在結構就會轉變。如同凍豆腐那般，凍油豆腐塊的吸水性會變得很高，而且有種非常結實的質地，就像嫩肉和麵筋肉一般。解凍過的油豆腐塊可切成小方塊或薄片，然後油炸成凍豆腐排，也可以取代一般油豆腐塊，加入高湯中燉煮。

## 2日式豆腐餅

大德寺是京都很重要的百年寺廟之一，整個天花板都覆蓋著用單色金屬線捲成的中國龍圖案。帶著尖銳的龍鬚和尖角，龍劃破漆黑的夜空，從漩渦般的雲層中穿出。牠那兩條厚得像鞭子般的龍鬚，沿著長鼻子上冒出火焰的鼻孔旁伸出。這隻凶猛生物的其中一隻麟爪上，抓著珍貴的證悟如意石，象徵著覺悟人生的真理就如同親眼望見真龍那般令人震撼。

**代替漢堡肉的飛龍頭**

證悟的禪龍，也出現在豆腐的世界裡。每天早上，全日本豆腐師傅的妻子都會將昨日剩下的豆腐放進一個編織得很粗糙的袋子內，扭緊袋口，並用兩塊木板像胡桃鉗那樣地擠壓豆腐。數小時之後，當所有多餘的水分都被擠出後，她會將芝麻和切成細絲的蔬菜混入豆腐當中，再放入大盆子裡。

之後，她會揉進少許黏呼呼的山藥，有時也會加入一點鹽，接著將豆腐揉製成漢堡般大小的餅狀或五公分大的丸子。接下來，先以適溫慢火油炸，再移到高溫爐油炸，直到豆腐餅膨脹並變成金黃色。

油炸會讓蔬菜絲雜亂地伸出豆腐表面，日本人因而聯想到有著直立鬍鬚及釘子般尖角的凶猛中國飛龍，因此在京都，這些小丸子或餡餅有個很酷的名字——飛龍頭。

一般認為，油炸豆腐源自約五百年前的佛寺和修道院，當時最罕見、最昂貴以及上流社會最想嚐的，就是野鵝。據說，僧侶們第一次品嚐到這種新鮮的油炸豆腐佳餚時，都讚美那些豆腐的味道跟極品野鵝一模一樣，從此以後，日本各地（除了京都以外）就經常稱呼這些豆腐餡餅為「雁擬き」（指仿鵝肉）或「雁も」（指素鶴）。

擠壓豆腐以便製作日式豆腐餅。

在擠壓過豆腐中加入芝麻和蔬菜絲。

油炸日式豆腐餅。

雖然大部分學者都深信日式豆腐餅是由日本人所發明，但仍然有其他有趣的不同論點：

第一個論點認為，日式豆腐餅是十五世紀時期葡式肉丸串（ひろす）的變化版，當時在日本很受歡迎。日文的「雁」可以解釋成丸子也可解釋為鵝，加上ひろす與飛龍頭（ひりょうす）兩個詞讀起來十分相近，所以現在仍然互相交替地用來指京都的圓形日式豆腐餅，因此，這個說法似乎頗有道理。

第二種論點認為，日式豆腐餅是中國人首先發明的，現在中國人仍有自製與日式豆腐餅很類似的油炸豆腐，但裡面放的是絞肉而不是蔬菜，而且，如今大多數中國或臺灣的豆腐店沒有在供應這種油炸豆腐。

在日本（京都以外），日式豆腐餅會做成直徑九至十二・五公分的小餡餅，重約一百零五克，大小、味道和QQ的口感，都與漢堡肉很相似——只有價錢不一樣。日式豆腐餅在份量上來說，是西式漢堡中肉類的最佳代替品，不知誰會是首位創立日式豆腐漢堡連鎖店的人呢？

日本最有名氣的日式豆腐餅，應是京都的「嵯峨豆腐森嘉」所製作的日式八寶豆腐餅，以及附近其他豆腐店所做的日式豆腐餅，每個豆腐球直徑長五公分，裡面含有銀杏、百合球莖等七種不同的蔬菜。這些精緻的食材很受京都高級餐廳的歡迎，常被店家用來烹調鍋料理。

**溫暖冬季佳餚**

目前，大部分的豆腐店多半只使用兩、三種蔬菜來作為日式豆腐餅的材料，最愛用的食材有紅蘿蔔泥、昆布條和牛蒡。很多店家除了製作豆腐餡餅或豆腐丸子之外，也會製作小型日式豆腐丸，每個豆腐丸的直徑都不超過四公分，內含切碎的蔬菜和果仁。有些店還會製作結實的橢圓形豆腐餅，有人說這是日本最早期的日式豆腐餅。

此外，為了討孩童的歡心，並且讓日式豆腐餅適用於鍋料理及田樂料理，有時候豆腐師傅會用餅乾模型將日式豆腐餅製成小葫蘆、花或楓葉的形狀。

當天氣轉涼的時候，日式豆腐餅便會出現在各種鍋料理當中。從古至今，日本人都傾向弄暖身體更勝於將屋子弄暖，這是能源短缺的國家從生活經驗中發展出來的變通做法，可以作為後代環保生活的榜樣。豆腐的吸熱性及保溫性特別的好，尤其是油炸豆腐，在冬天食用，不但能讓人感到身子暖起來，也能滿足我們的味覺。

每當來到十一月初，日本的家庭主婦就會拿出砂鍋（註：日文稱土鍋〔どなべ〕，其實還是陶鍋的一種，因為砂鍋是陶土加砂所製成）。一只好鍋可能用上好幾代，樸素、美麗、簡單且堅固耐用，厚重的蓋子與鍋子內緣緊密貼合，能防止湯滾出來——這是用柴火做烹飪時必要的預防措施。

如今，在許多農家中，仍然可以找到日本最早期的砂鍋或厚重鐵鍋，掛在起居室中央地爐上方的大鈎子（註：自在鈎）上。漫長的冬季裡，當農家的厚稻草屋頂上堆滿積雪時，一把小細火或一層燃燒著的炭火和冒著泡泡的砂鍋，便成為溫暖及光明的中心，全家人圍著砂鍋，從鍋中升起的煙霧跳著舞，美味的香氣凝結在夜晚寒冷的空氣中，在這裡，每個人都可以感受到宴會的古老及純樸魅力。

我們這些生活在有電燈泡和中央暖器的房子的現代人往往遺忘了，在地球數百萬年前的大部分人類，都是用柴火來煮食，餐桌上也沒有其他照明及熱源。這不是白色長蠟燭搖曳著的火焰，也不是煤油燈的玻璃燈罩內點燃著的火焰，它發出爆裂聲、閃爍著火花，煙霧向上直冒，衝至屋樑。鍋料理，以及許多與柴火相關的精緻油炸豆腐料理，都是在這麼早的時候就被發明出來了。

話說回來，如今的時空背景已經不同以往，砂鍋在現代多了一些高雅的氣質，使它成為不少日本頂級餐

古民家中的地爐（囲炉裏）中，用「自在鈎」釣著的鍋子裡，正煮著熱呼呼的料理。

廳的特色菜餚。砂鍋下的手提式火爐常令人聯想到慶祝活動，例如家庭聚會、款待老友或貴客，甚至是領薪水回家。

砂鍋和豆腐——特別是日式豆腐餅——幾世紀以來的關係依舊存在著，因為是歡樂氣氛中的焦點，所以總是能夠受到人們熱烈歡迎。最為人熟知且最常用於關東煮中的日式豆腐餅，是日本非常受歡迎的冬季食品之一。

## 和西方結合

日式豆腐餅也非常適合加入西式菜餚當中，它結合了油豆腐塊的份量感、油豆腐袋的結實和肉類般的質感。其水分含量比油豆腐塊低，保鮮期更長，因此十分適合野餐時食用。將日式豆腐餅切成小立方塊，配上味噌淋醬，便能製作出非常美味的開胃小菜，而小型日式豆腐丸也是烤蔬菜串的創意食材。

如果你曾經嘗試著自製黃豆漢堡，並且對麻煩的作法和很容易散開的質地感到失望的話，請你一定要試試看自製日式豆腐餅。

## 自製日式豆腐餅

日式豆腐餅很容易在家中使用普通的豆腐來製作，可以選用喜歡的食材組合出適合自己的口味，例如堅果仁、芝麻和切碎的蔬菜，這些材料占豆腐餅總食材的15%到20%左右。每個人都可以在家中自製這種特別的美食，這樣就能在它們最新鮮酥脆、味道最佳的時候享用。豆腐店販售的日式豆腐餅通常都是油炸製成，先低溫或中溫油炸，然後再高溫油炸，其中並含有黏呼呼的山藥作為黏合劑。

做成丸子似乎比做成餡餅來得紮實，又因為表面積較少，油炸時丸子吸收的油分也相對較少，不過，餡餅比較適合用來當作漢堡中的漢堡排。

**材料**（約8個餡餅或12個丸子）

壓碎的豆腐……900克
磨碎的紅蘿蔔……2湯匙
切丁的洋蔥、青蔥、韭蔥或生薑根……2湯匙
切絲或切丁的蘑菇……2湯匙
青豆（只限豆腐丸子使用）……2湯匙
葵花籽、花生或剁碎的堅果仁……2湯匙
炒過的芝麻或罌粟子……2湯匙
葡萄乾……2湯匙
鹽……¾茶匙
油炸用油……適量

**作法**

1前八項材料放入大碗中拌勻後，揉捏約三分鐘，加入鹽再揉三分鐘或直到「麵團」滑順並黏在一起。
2鍋裡加入約五至六·五公分深的油，加熱至攝氏一百五十度。

3先用少量的油或溫水濕潤手掌，然後將步驟1的「豆腐麵團」揉成八個直徑八公分的豆腐餡餅（或十二粒直徑約四公分的豆腐球），放入鍋中油炸四至六分鐘或直到餡餅浮在油面。

4將餡餅翻面，再油炸幾分鐘，直到餡餅酥脆金黃，撈起後置於架子上瀝乾或用炸物吸油紙將油吸掉，灑上少許醬油食用。吃剩的豆腐餅放入密封容器中置於冰箱冷藏，可保存一週，冷凍更久。

### 百變日式豆腐餅

*製作較大的餡餅時，可加入一．五湯匙的山藥泥或稍微打散的雞蛋來作為黏合劑用。

*在混合蔬菜與豆腐前，可以先將蔬菜用油稍微煎炒一下，如果想要有更濃郁的風味，可將煎炒過的蔬菜放入甜醬油汁（見第190頁）內煮至所有液體被吸收或蒸發掉。

揉豆腐「麵團」滑順並黏在一起。

揉成豆腐餡餅。

油炸豆腐餡餅。

放在架子上瀝油的日式豆腐餅。

＊若要作小型日式豆腐丸子，就將麵團揉成直徑約二．五公分的丸子油炸，直接沾醬食用，或是放入關東煮、烏龍麵或御煮染中。

＊若想要製作簡易北海道風豆腐餅，請在碎豆腐中加入鹽及山藥泥，捏成餡餅後灑上芝麻，即可油炸，快速、容易又美味。

＊碎豆腐中不加其他食材，而是在揉好的豆腐丸子中填入一茶匙柚子味噌、甜醬味噌（練り味噌）或甜白味噌，做成味噌口味的豆腐丸子。

＊將日式豆腐餅麵團揉製成圓柱形，長二公分，直徑四公分，用兩片攤開的油豆腐泡將豆腐圓柱包起來，以攝氏一百七十度的熱油，油炸八至十分鐘，然後斜切成二．五公分的小段，放入甜醬油汁中燉煮五分鐘，待涼後放上一些山椒葉（木の芽）即可食用。

## 3 油豆腐泡

位於京都西郊的「嵯峨豆腐森嘉」，寬敞、寧靜且井然有序，這是源自古老傳統的細心傳統工藝精神。有天早上，我們前來參觀油豆腐泡的製作過程。

**誕生**

陽光從高窗射進店內，灑落在裝滿冰冷清水的水槽裡，以及店裡人工砌成的發亮花崗石地板上。凌晨四點鐘，第一批豆腐已製作完成，並且浸在水槽中冷卻，豆腐師傅的妻子正準備使用它們來製作油豆腐泡。

她小心地從水裡取出一大塊豆腐放到厚砧板上，敏捷地揮動著一把鋒利的長刀，將豆腐切成厚度相同的薄片，然後用刀挑起豆腐，小心地放在竹製的擠壓墊上。豆腐似乎活了起來，每一小片都在與刀共舞，跳到發亮的刀面上。

擠壓墊和豆腐疊成三明治狀，被重物擠壓數小時後，便被移到油炸區。此時，一位綁著藍色頭巾和傳統日式圍裙的阿婆，站在兩個裝滿冒著泡泡的金黃色油的油鍋前，邊用一雙筷子油炸豆腐，邊細心地為我們講解製作油豆腐泡的每一個程序。當她展露笑容時，金牙便閃耀發亮著。

阿婆將鋪著十六片薄豆腐的平網盤沉入中溫的油鍋裡，每片豆腐十四×六．五×一．五公分大小，油發出嘶嘶聲並冒著熱氣。豆腐沉入油中後，數分鐘後才再度出現，慢慢地向上浮起，直到白色柔軟的邊緣浮到油面上。阿婆小心地將每塊豆腐翻面再炸，當豆腐浮得很高且輕盈時，她便將網盤提上來，沉入第二個熱油鍋裡。

滾油頓時活躍了起來，連續發出爆裂聲，使空氣裡充滿蒸氣，霎時就如同魔術般，每塊豆腐都膨脹成原先的兩倍大左右。

清爽、輕盈、金黃色的油豆腐泡，像小船一樣浮游在深棕色

豆腐切薄片，準備擠壓豆腐。

油炸擠壓好的豆腐成油豆腐泡。

的油面上，整個房間也充滿著它的香氣，左鄰右舍的貓兒都醒了，伸展著身子，抖動著鼻子，嗅著這突如其來的早晨香氣。

翻炸兩次後，阿婆便把油豆腐泡連同網盤一起從油中提起來瀝乾；她告訴我們說，一定要趁著油豆腐泡酥脆、清爽且熱呼呼的時候品嚐一塊。自那天早上開始，上面滴了幾滴醬油、熱呼呼且酥脆的油豆腐泡，便成了我們最喜歡的豆腐吃法之一。

**學徒的通關證明**

豆腐師傅說，年輕的學徒只有在能製作出精緻的油豆腐泡時，才可以算得上羽翼已豐的豆腐師傅，並得到師父的允許去開設自己的豆腐店。

製作油豆腐泡所需的時間和手藝比製作其他種類的豆腐來得多，製作油豆腐泡的豆腐也與普通豆腐有些不同：豆漿只煮一下，便加入大量的冷開水迅速冷卻，用鹽鹵凝固後的凝乳被弄碎成小塊並清除大部分的乳清，接著放入成形盒中以重物擠壓很長一段時間。

這些複雜的手續是為了讓豆腐能在油炸後膨脹起來，並讓冷卻後的油豆腐泡在橫切成半後，中間能開成一個小口袋。

一般豆腐店一個早上會製作約三百個油豆腐泡，有三種大小：大部分是十五×八×一公分；有些豆腐店製成六公分平方的大小，專門用來製作豆皮壽司；京都的豆腐店則將油豆腐泡製作成二十三公分長、九公分寬的大小。

油豆腐泡似乎是日本人發明的，因為目前在臺灣或中國都看不到它的蹤影。

雖然日本大多數的油豆腐泡是由街坊的豆腐店所製作出來的，但是，如今由機械化大工廠製作的油豆腐泡也已經愈來愈多了，最大的工廠一天可以生產二十萬個！它們在超市裡銷售，價錢只有傳統油豆腐泡的三分之二。

傳統的豆腐師傅認為，製作最美味的油豆腐泡有四個必要條件：

1豆腐必須是由大鐵鍋所煮好的豆漿所製成，並且使用鹽鹵凝固。

2一定不能添加化學藥物。

3豆腐片必須要夠厚，才能讓油豆腐泡有份量，並且可容易地剝開成袋子狀。

4一定要用芥花油手工油炸。

不幸的是，大多數工廠所用的豆腐都是以壓力鍋煮的豆漿製成，並以硫酸鈣來凝固，還都加了一種主要由碳酸鈣（一種白色粉末，存在於石灰岩、粉筆和骨頭裡）和磷酸鹽所組成的化學藥物來使油豆腐泡膨脹，豆腐被切得很薄（有時一撕就開了），並使用全自動傳送的機器將豆腐放入廉價的黃豆油中油炸，品質上的差別很容易看得出來。

**日式料理的萬人迷**

所有的油豆腐泡都有種柔嫩且微帶嚼勁的質感，也比其他種類的油炸豆腐輕，這是因為它含油量較高（31％）。

如果以重量來看，它算是最昂貴的一種油炸豆腐，因此，料理時通常都只使用少量的油豆腐泡。話雖如此，油豆腐泡出眾的多用途性，使得它在各種日式料理中都很受歡迎。

油豆腐泡主要有袋狀、片狀及細條狀三種運用方式。

**＊油豆腐袋**：油豆腐袋內可以填入生鮮或煮好的食材，作為輕食小菜或營養豐富的主菜。在油豆腐袋塞入剩飯剩菜，立刻就讓剩菜剩飯變身為一道全新的美味菜餚，還可以像三明治那樣放在便當裡。在日本，油豆腐袋經常填入穀類、麵條或蔬菜，然後加入濃湯或鍋料理中燉煮，此外，塞了餡料的油豆腐袋裏上麵糊再油炸也非常美味。日本料理中最受歡迎的油豆腐袋料理是豆皮壽司，將油豆腐袋於甜醬油汁（見第190頁）內燉煮過，塞入醋飯，即成為野餐時最受歡迎的便當菜。

**＊薄片狀**：如果將油豆腐泡直接使用，或是將三邊切開攤成一張平坦薄片，便可將稍微用味噌或醬油醃過味的食物（如黃瓜或起司條）捲在裡面，用竹籤串起來後再橫切小塊，就成為一道開胃小菜。

**＊細條狀**：切成細條的油豆腐泡可以用來取代油豆腐塊或日式豆腐餅，加入味噌湯中並搭配裙帶菜，也可以取代早餐蛋料理中的培根肉或火腿，或是像牛肉薄片般與各式蔬菜一起煎炒。

日本最特別的一種油豆腐泡是乾燥油豆腐泡，薄薄的一片，有著溫和的風味和金黃的顏色，大約十五×二十×〇．五公分的大小。乾燥油豆腐泡含有豐富的蛋白質（24％）和天然油（64％），水分含量（4.5％）非常低，可於室溫中保存二個月而不會變壞。

和乾燥凍豆腐、乾燥豆皮這兩種能保存較久的豆腐製品一樣，乾燥油豆腐泡很適合非洲和印度等食物容易腐敗的地區來食用。這種傳統天然食品在沖繩和四國大島上的松山市已經被食用了好幾百年，但它在當地是以「牛奶油豆腐泡」的名稱在銷售，因為它是由一份牛奶凝乳和五份豆漿凝乳混合製成的，目的是為了讓成品含有更多鈣質和胺基酸。凝乳會被舀進一個鋪著布的淺盤，將盤子疊起來並用液壓式擠壓桿擠壓，直到豆腐變得很薄，再以攝氏一百二十至二百度間五種不同的油溫油炸，直到油豆腐泡酥脆如輕盈的小圓餅。

乾燥油豆腐泡一般是加入味噌湯或與蔬菜一起煎炒燉煮；若是用於西式料理，可以在上面塗些抹醬、放上蔬菜，像法式開味小菜一樣食用，此外，也可以當作沙拉和湯中的麵包丁使用，或是與萵苣和起司一起填入塔可餅或玉米餅。

**特殊油豆腐泡**

美國油豆腐泡主要有三種如下，前面兩種比較獨特一些：

第一種是油豆腐泡芙（Agé Puff），大多由日式豆腐店製作，豆腐會先擠壓成小小正方棍棒狀，然後再油炸所製成，這種「泡芙」經油炸會膨脹成一根長十一公分、直徑五公分的金黃色香腸。不同於日式油豆腐泡，冷卻後的油豆腐泡芙依然是鼓脹的，有些種類會膨脹成三角狀。油豆腐泡芙一般都是三個裝在塑膠袋裡販售，名稱有炸黃豆餅（Fried Soybean Cake）、炸豆腐（Fried Tofu）或就叫油豆腐泡（Agé）；每個油豆腐泡芙應從一邊撕開一個細縫，不同於日式油豆腐泡的是，它要切開成片狀很不容易。

第二種油豆腐泡是豆腐泡（註：有點像中式油豆腐，但內層好似蜂窩，不像油豆腐口感質地偏實心），許多中式豆腐店都有製作，這種二．五公分大的小方塊在油炸後仍是鼓脹的，可以填入其他食材來烹調，或是作為開胃小菜。豆腐泡一般是一打或兩打用塑膠袋裝成一包，在中國超市裡販賣。

第三種是進口的罐裝日式油豆腐泡，通常在日式超市販售，如「信田卷」（註：燉煮「油豆腐泡卷」的傳統料理）和「豆皮壽司の素」（Inarizushi-No-Moto），後者可直接當豆皮壽司食用，無須再烹調。

**打開油豆腐泡**

這裡的油豆腐泡，指的是一片十五×八×一公分的油豆腐泡，而一片油豆腐泡可用來製作二個油豆腐袋。

**1油豆腐袋：**將油豆腐泡橫切成兩半，小心地用拇指將中心剝開。

**2大油豆腐袋：**將油豆腐泡的一邊切掉一薄條，再用拇指間將中心剝開。

**3油豆腐泡芙：**將油豆腐泡芙的一邊切開一道細縫，使它成一長袋子，也可以將裡面剩下的的豆腐挖掉。

**4油豆腐泡大薄片：**用刀或剪刀將油豆腐泡的一側長邊及兩側短邊劃開，打開便成為一片約十五×十五公分平方的油豆腐泡薄片。

**自製油豆腐袋（用現成的豆腐來製作）**

這個做法迅速又簡單，雖然它不能像從黃豆原粒開始製作的「自製油豆腐泡」（見第187頁）一樣膨脹得很大。約三百六十克未擠壓的豆腐，大約可製作出約一百五十克油豆腐泡。

將油豆腐泡剝成油豆腐袋。

**材料**（4～6個油豆腐袋）

豆腐……………………360～600克

油炸用油…………………適量

**作法**

1將豆腐平切成一・五公分厚、十至十六公分長、七・五至九公分寬的厚片；使用豆腐切片法（見第156頁）擠壓切片的豆腐，將豆腐放在砧板上，並使用二・五至四・五公斤的重物擠壓豆腐四十分鐘。

2在炒菜鍋、煎鍋或油炸深鍋裡加入約五公分深的油，加熱至攝氏一一五度，然後將擠壓好的豆腐片滑入鍋中油炸，直到油溫上升至一五五度，然後轉中火繼續油炸，直到豆腐浮在油面上。

3轉大火，用筷子將豆腐翻面，繼續油炸至油溫達到攝氏一九五度，轉中火再繼續油炸，直到豆腐酥脆金黃，便可從油中取出油豆腐泡，放在鐵架上或用炸物吸油紙瀝乾，讓油豆腐泡冷卻個十分鐘左右。

4在油豆腐泡的一邊切一道縫，小心地將刀尖從切口伸入至兩油炸表面的中間，再把兩油炸表面分開形成袋狀，用一個小湯匙將袋內的豆腐舀出（如果要製成兩個小油豆腐袋，先將油豆腐泡橫切成兩半，然後如同上述步驟剝開即可）。

**自製油豆腐袋（黃豆原粒開始）**

這個食譜只適合在你已經精通自製豆腐（見第138頁）後才可以嘗試。雖然自製油豆腐泡相當花時間，卻能製作出色的油豆腐泡，不但膨脹得很好，而且清爽酥脆。

**材料**

乾燥的黃豆原粒……1½杯
水……18杯
泡打粉或碳酸鈣……¾茶匙
自製豆腐所用的凝固劑……適量
油炸用油……適量

**做法**

1按自製豆腐的步驟來製作自製油豆腐泡，但要依照以下經過調整的步驟：
a先從在煮鍋裡熱五．二五杯水開始。
b用一．五杯溫水沖洗豆腐渣。
c將豆漿煮滾後繼續煨煮三分鐘，熄火並立刻將沒煮過的六杯水拌入豆漿。
d在將凝固劑溶液拌進豆漿前，將泡打粉加入凝固劑溶液裡。
e取出乳清後，慢慢攪拌凝乳，然後將濾盆（或篩網）架在凝乳上面，在濾盆上加上三百克的重物，並舀出在濾盆上所有剩餘的凝乳。
f將凝乳迅速並有些粗略地舀入成形容器，用一．五至二公斤的重物來擠壓凝乳三十分鐘左右。
2將豆腐從成形容器裡取出，並自製油豆腐袋（用現成的豆腐——買來或家裡原有的自製豆腐——來製成，見第186頁）的步驟切好豆腐並油炸即可。

# 處理油炸豆腐

## 過水

過水這個處理法可以去除油炸豆腐表面上多餘的油，使其變得更清爽、更容易消化，並且更容易吸收醬汁和調味高湯，在某些料理中，過水也可用來溫熱豆腐。有些廚師一定會將油炸豆腐過水，有些廚師覺得其效果跟時間與精力的付出不成正比。一般來說，我們比較支持後者，但若你有減重的需求，那就過水吧！

將還未切過的油炸豆腐塊放在篩網或濾盆上。平底深鍋內先煮沸二或三杯水，先浸入第一塊豆腐，然後翻面浸豆腐的另一面，讓豆腐瀝乾一分鐘左右後才用，或用筷子或夾子夾著豆腐，快速地將整塊豆腐下沉到沸水裡，然後取出用篩網瀝乾。

## 焙烤

焙烤可以用來去除豆腐表面多餘的油脂，並同時給予豆腐酥脆的質感及美味可口的香味。如果要焙烤油炸豆腐，事前請勿過水。有些廚師非常喜歡焙烤過的質感和香味，所以會利用這個步驟作為製作油炸豆腐菜餚的序曲。

1 **爐灶或炭火**：用叉頭較長的叉子來串豆腐並放在火焰上烤，直到油炸豆腐的兩面稍微變金黃色並帶有香味。

2 **烤麵包機**：將油炸豆腐放入烤麵包機烤即可，快速又簡單，可立即食用。

3 **電烤箱**：將豆腐放在一層鋁箔紙上，用大火將豆腐兩面焰烤至金黃色為止。

4 **烤爐或BBQ爐的烤架、日式燒烤架**：用大火焙烤豆腐每邊三十至六十秒，直到豆腐上有斑點並有香味；用筷子或夾子來翻面。這種方法搭配炭火，會讓豆腐有最精緻的風味及香氣。

5 **乾煎鍋**：用中火預熱煎鍋後放入油炸豆腐，用筷子或叉子壓著豆腐摩擦鍋底，直到豆腐有香味和稍微變金黃色，將豆腐翻面焙烤另一面。

## 甜醬油汁

在日本，這種甜醬油汁主要是用在一些切成薄片且尚未烹調成其他料理前的蔬菜上，若需要準備大量的蔬菜，可把甜醬油汁的份量增至二到三倍。

這個食材份量可以做約半杯的甜醬油汁：高湯或水〇．二五杯、日式醬油二湯匙、糖二湯匙、清酒或味醂（可不加）一湯匙。把所有材料倒進小平底深鍋中煮滾，即成甜醬油汁。

如果蔬菜在料理前要先以甜醬油汁做處理，請在煮滾的醬汁中加入切成薄片的蔬菜，再重新煮滾。然後蓋上鍋蓋，轉小火繼續煮，並持續攪拌直到所有水分被吸乾或蒸發掉。如果希望蔬菜維持較脆一點的口感，只需用小火煮二至三分鐘，把醬汁瀝乾，蔬菜放著備用。

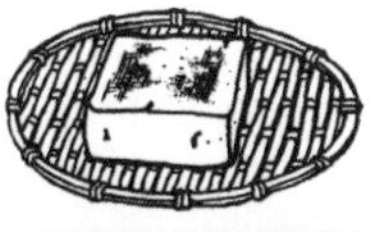

CHAPTER 10

# 豆漿

在一個晴朗寒冷的十月底早晨，我和昭子首次採訪日本的一家豆腐店。豆腐店布滿蒸氣的窗子上，寫著粗體黑色的店名——三軒屋，豆腐師傅新井先生興高采烈地迎接我們，收下了我們帶來的脆甜秋天蘋果，便旋即回到他身後正在冒著滾熱泡泡的大鐵鍋那兒。

新井師傅將約九十五公升的新鮮豆汁舀進大鐵鍋內，並蓋上一個直徑約九十公分的雪松木蓋子，不時地向我們解釋他正在煮待會兒要製作絹豆腐所需的豆漿。

大約十分鐘過後，蒸氣從蓋子下波浪似地冒出來，整間豆腐店都能嗅到淡淡的香味。新井師傅將蓋子掀起，然後用

將豆汁舀入大鐵鍋中。

一把劈開的特製竹條，在膨起來的泡沫溢出前將它們攪開。接著，師傅將火轉小，繼續燉煮冒泡的豆汁約十分鐘多，期間不時將豆汁攪開。

新井師傅邊忙碌著，邊跟我們解釋，要製作出最好的豆漿，有四種基本要素：

1 一定要用最好的黃豆和水。

2 一定要使用相當少量的水，讓豆漿成品有著香濃的厚度。

3 一定要於大鐵鍋中煮，而且最好是用柴火來煮，才能讓豆漿的風味發揮到極致。

4 一定要燉煮得夠久，以確保其能維持新鮮度，並能充分運用其潛在的營養成分（見第110頁）。

煮好時，新井師傅用勺子將豆汁舀進大鐵鍋旁一個套著粗布大袋子的雪松木桶裡，並用一個手動式的起吊裝置將袋子提起來，讓豆漿透過一層織得很細密的絲綢滴入桶子裡。接著，他將袋子降下至桶口上一個非常堅固的架子上，徹底地用力擠壓袋子，直到從豆腐渣裡榨取出最後一滴珍貴的豆漿為止。

攪開冒泡的豆汁。

從豆腐渣榨取豆漿。

現在，新井師傅從木製的深桶裡，舀出一大勺冒著煙的豆漿，依序裝滿七個陶製馬克杯：三個小孩各一杯、妻子、我們和他自己各一杯，並用湯匙舀一點野花蜜放進每個杯子裡，一塊塊的蜂巢仍飄浮在豆漿上，再加一小撮鹽——乾杯！

在不到四十分鐘的時間之內，我們見證了一個難以忘懷的過程——將黃豆轉變成「乳品」。這種美味的飲料有著類似乳白鮮乳的濃稠感和外觀，並且帶有天然濃厚的風味、芳醇的香味和溫和的微甜滋味。

後來，這種營養豐富又價格低廉的飲品，很快就成了我們每日飲食的重要部分，每天早上我們到店裡購買一日所需的豆腐時，都會順道帶一瓶豆漿回家。

盛裝剛煮好的新鮮豆漿。

## 東方牛奶

從營養學上來看，豆漿可與乳製品匹敵，下頁圖表顯示一百克的豆漿、乳製品、母乳的成分結構（資料來源：〈食物成分標準圖表〉〔日本〕）。

把水分含量相當的豆漿和乳製品放在一起比較時（乳製品通常含水量較少），豆漿所含的蛋白質比乳製品多了51％、碳水化合物少16％、卡路里少了12％（每克蛋白質的卡路里少18％），而脂肪則少了24％（飽

**100 克的豆漿、乳製品、母乳的成分結構**

| | 豆漿 | 乳製品 | 母乳 |
|---|---|---|---|
| 水（公克） | 88.6 | 88.6 | 88.6 |
| 蛋白質 | 4.4 | 2.9 | 1.4 |
| 卡路里 | 52 | 59 | 62 |
| 脂肪 | 2.5 | 3.3 | 3.1 |
| 碳水化合物 | 3.8 | 4.5 | 7.2 |
| 灰分 | 0.62 | 0.70 | 0.20 |
| 鈣（毫克） | 18.5 | 100 | 35 |
| 鈉 | 2.5 | 36 | 15 |
| 亞磷 | 60.3 | 90 | 25 |
| 鐵 | 1.5 | 0.1 | 0.2 |
| 維生素 $B_1$ | 0.04 | 0.04 | 0.02 |
| 維生素 $B_2$ | 0.02 | 0.15 | 0.03 |
| 維生素 $B_3$ | 0.62 | 0.20 | 0.20 |

和脂肪少了48％）。同時，豆漿所含有的鐵質，是乳製品的十五倍，除此之外，也含有許多人體所需的B群，而且不含膽固醇——最重要的是，豆漿只含有十分之一的農業用化學藥劑（例如DDT）。

不過，有別於各式各樣的市售豆漿，多數豆腐店所售的濃郁絹豆漿以及在家自製的豆漿（見第201頁）平均都含有5.5％的蛋白質，在某些情況下甚至會高達6.3％，其相輔相成的礦物質及維生素，也多出了25％。豆漿裡的鈣僅有母乳中的五十二％（牛奶中的18％），故嬰兒配方的豆漿通常會添加鈣質或乳酸鈣。

有7％至10％的美國嬰兒或成人會對乳製品過敏或產生不良反應（例如造成消化不良或腹瀉），但卻沒有任何證據顯示類似問題會發生在普通或強化豆漿上。雖然有許多種「素食乳品」可由堅果（杏仁、花生、核桃、椰子）和種籽（向日葵和芝麻）等製成，可是黃豆也許是唯一能在合理成本內生產出大量乳品的植物。它最感動我們的神祕巧合是，單單一顆種籽裡的物質，在被碾碎並與水一起煮過後，竟能與所有哺乳動物所產出供給生命和哺育下一代的乳品如此相似。

豆漿在東亞國家，就如同牛奶在西方國家一樣，已經有好幾個世紀之久。今日很多付擔不起牛奶的人覺得，豆漿最吸引人之處，就在於它成本非常低廉：不論是自行製作豆漿，或是豆腐店、專門店或工廠製的豆漿，都只需要牛奶的二分之一或三分之一的成本而已，因此，世界上許多不食用乳製品或乳製品無法滿足日漸增長的人口之地區，都可以用豆漿作為在關鍵性發育期中的嬰、幼兒、少年，以及所有年齡層的成年人一種優質且必需的營養飲品。

如今，豆漿在西方世界已經變得較為流行並受到歡迎，尤其受到那些對自然、健康或減肥食品感興趣的人們所喜愛，並且有愈來愈多的社區發現到，花費比購買乳製品更少的錢，就能每天早上自製新鮮豆漿。例如「農場」（Farm）這個七百人的社區，就有在自行生產黃豆乳製品，每日能生產約三百公升的濃郁豆漿，一公升成本僅需七．五分錢左右；「農場」發言人指出，「社區中的嬰兒喜愛豆漿」，而且社區裡的二百五十個小孩大多在斷奶直接改餵豆漿。除此之外，許多美國的豆腐店現在也都有售賣瓶裝的豆漿（有原味、加了蜂蜜、或蜂蜜─角豆甜味劑）給日漸增加的老主顧。

我們在臺灣學習製作豆腐的那段期間，經常在豆腐店看到絡繹不絕的人潮，他們常帶著一只茶壺或水壺，購買幾公升的新鮮豆漿回家。在臺灣，豆漿通常是家庭早餐中的一部分，並且被視為是提供嬰幼兒蛋白質的重要來源。就像在中國大陸一樣，這裡的豆漿也有商店或工廠大規模地製成瓶裝飲品，每天早上運送到熟客那裡──勞工認為豆漿是能量和體力的最佳來源。

許多豆腐師傅都相當以自家的味道而特別自豪：我們拜訪的每家店舖，總是不忘為我們提供一碗通常都已加了少許黃砂糖的熱豆漿。在臺北市，幾乎每個路口都至少有一間小店或小餐館，從清晨到深夜專門在賣熱騰騰的鹹豆漿和香甜豆漿。

## 時代新形象

在一九五〇年代，豆漿開始有了瓶裝、非碳酸軟性飲料的新形式，並且採用工業方法大量生產，主張以蛋白質和其他基本營養素來取代傳統軟性飲料中沒有益處的卡路里，這個新產品利用時髦的廣告手法和口號來強調健康及營養，因而被賦予了一個合乎時代的新形象——維他奶！

身為第一款「豆漿飲料」品牌，維他奶的創辦人是一名理想主義的香港商人羅桂祥先生，他開發維他奶的主要動機，就是供應一種一般民眾都買得起的營養品。每瓶一百九十五克的豆漿飲品含有3%的蛋白質，零售價低於美金三．五分錢，大約是同樣大小的瓶裝可口可樂三分之二的費用。

舢板船、路邊攤和雜貨店都有賣豆漿飲品，夏天時冰涼飲用，在冬天則熱呼呼地喝。到了一九七四年，維他奶的銷售扶搖直上，每年賣超過一百五十萬瓶，成為香港銷售最好的軟性飲料。

在維他奶風行於香港不久後，維他豆（Vitabean，由楊協成公司所銷售的類似飲品）開始在新加坡和吉隆坡（馬來西亞）出現，經過加熱殺菌和包裝後，每個無菌利樂紙盒含有二百八十五毫升的豆漿。維他豆可以在不用冷藏的情況下保存達數個星期。

在一九六〇年代後期，美國的蒙桑多（Monsanto）公司與維他豆合資，在南美洲推出一系列的豆漿飲料

（Puma 是其中一種）。不久後，可口可樂公司很顯然地決定放棄對抗而加入這個行列——他們在里約熱內盧開設了自己的豆漿飲品工廠，開始生產沙西（Saci）。後來，在印度、非洲和其他愈來愈多的地區，都有販賣蛋白質豐富又迎合當地方口味的豆漿飲品（麥芽、柳橙、咖啡、肉桂和香草等口味），價格大約是牛奶價格的四分之一。

認知到這些豆漿飲品的營養價值後，具有權威地位的國際組織，如聯合國兒童基金會、聯合國糧農組織也開始為豆漿飲品背書，世界衛生組織甚至在印尼興建一座一百萬美元的豆漿工廠，並在菲律賓（馬尼拉）和其他以豆漿作傳統早餐飲品的地方，興建一些小型的豆漿工廠。

有一座可能是世界最現代化的豆漿工廠，由一位鄭先生私人擁有，坐落在泰國曼谷，從黃豆脫殼直到裝瓶包裝都是全自動化；一種混合了豆漿和普通脫脂奶的飲料也是在這裡推出的。

## 前進西方

由於已故的哈利．米勒（Harry W. Miller，註：推行黃豆乳品的推手，同時也是臺灣臺安醫院的創辦人）醫師的大力推動，豆漿在西方社會逐漸為人所熟悉，他本人就是豆漿能賦予健康的活見證。

一九三六年，當他在上海擔任醫療傳教士時，創辦了第一個黃豆乳品店。當時，他的黃豆乳品店每天都大量生產豆漿，放在瓶中殺菌，然後再供應至各地。在哈利．米勒醫師的努力之下，加入了維生素和礦物質的豆漿最後終於也在美國為人們所飲用，當時主要是用來餵養嬰兒。哈利．米勒醫師一生的夢想，便是看到全世界的人們都有豆漿可以喝，特別是愈來愈多營養不良的兒童們。根據許多嬰兒與幼童的研究報告，豆漿可以作為是乳製品或母乳完整且有效的代替物——將胺基酸、鈣、維生素A、B、C和D加入豆漿中來提高營養價值時，這個營養均衡的配方便成了嬰兒食品的完美典範。

一九三七年時，哈利．米勒醫師在為他的調配豆漿申請專利時被建議道，若他使用「豆漿」這個普通且「露骨」的名字，可能會引來乳製品業者的激烈反對，所以他將豆漿產品的名字拉丁語化，成為「soyalac」。

在美國，製作這種豆漿的實際成本只有牛奶的一半（裝瓶分銷前），當時有不少報導指出，美國乳品業者都對豆漿和其他黃豆製品的擴大使用——甚至可能取代乳製品——而感到憂心。

## 豆漿良藥

在日本，豆漿是由幾間大公司所製造，大多是以利樂紙盒包裝，或是製成濃縮物後用罐裝來販售，現在還有原味、蜂蜜、麥芽、草莓或巧克力等各種不同的口味，這些在所有的天然健康食品店和大多數超市幾乎都可以買得到，某些種類的豆漿甚至是用販賣機在銷售的，或是挨家挨戶送到門口（過去，日本許多豆腐師傅每天早上都會為他們的熟客運送一瓶豆漿，但隨著市售豆漿的數量普遍性提高，加上戰後人們傾向飲用牛奶，這種傳統已經慢慢勢微）。

至於嬰兒（包括對牛奶過敏或有不適反應的嬰兒）用的罐裝調配豆漿，以及至少四種紙盒裝的噴霧乾燥豆漿粉，都可以在大多數的藥房或天然食品店買到。

原味的豆漿粉含有44%至52%的蛋白質、28%的脂肪（大部分是多元不飽和脂肪酸）和12%的碳水化合物，在室溫下保存風味依舊不變，是野餐或露營時的最佳輕巧食材。有種叫做「Bonlact」的豆漿粉，是特別為嬰兒和兒童調配的，還有一種主要是給成人在減肥或節食期間作為健康食品的產品，則添加了卵磷脂、亞麻油酸、甲硫胺酸、果糖、維生素和礦物質。最受歡迎的噴霧乾燥豆漿粉，裡頭附有一小包內酯凝固劑，在多數市場中，它常被當成速食自製豆腐來販賣。

無論醫護人員或一般人，都認為豆漿是一種很好的食品。許多日本醫生視豆漿為一種非常有效的天然藥劑，並囑咐患有糖尿病（豆漿澱粉含量低）、心臟疾病、高血壓、動脈硬化（豆漿不含膽固醇，飽和脂肪含量低，且含有豐富的卵磷脂和亞麻油酸）和貧血患者（豆漿含有豐富的鐵並可刺激血紅素的產量）將豆漿當作日常飲食的一部分；此外，豆漿也被用來強化消化系統（對人體有益的乳酸菌會因此產生且繁殖）。

在矢吹禎助的《豆漿的奧祕》這本書中，仔細記錄了每位醫生或病人利用豆漿對治各種疾病的療法個案：有些人將豆漿作為對付慢性流鼻血或無法痊癒的瘀傷處方，是非常有效的藥物；也有些人發現豆漿能緩和關節炎、使雞眼變軟或恢復髮質健康；有些醫生認為豆漿含有豐富的水溶性維生素（有些維生素在製作豆腐的過程中溶解進乳清中），因此，他們認為豆漿比豆腐更適合用於缺乏維生素的病患的飲食中。

有不少人買豆漿當藥吃或作為美味的飲料喝，還有許多日本人認為豆漿能讓皮膚恢復原本的光澤——事實上，在豆腐店或豆皮店工作的人擁有好膚色，早就是眾所周知的事。

許多豆腐師傅告訴我們，當他們的妻子奶水不夠或無法哺乳嬰兒

日本的市售豆漿產品。

時，便改餵豆漿，將豆漿當作基本食物直至嬰兒斷奶為止，甚至有不少懷孕或哺乳中的婦女透過飲用豆漿來改善自身母乳的品質與分泌量；此外，豆漿還被認為可以有效治療小孩便祕和腸胃毛病。

## 方便的黃豆食品

在日本的豆腐店，豆漿是六種豆腐的原料，濃厚豆漿通常被用來製作絹豆腐，而用來製成一般豆腐的豆漿，其濃度就淡了許多。豆漿美味的祕訣在於其濃度，而豆漿的濃度則各店不同。

最重要的是，將黃豆當作食物來使用時，製成豆漿會比製成豆腐更方便，製作方法也比較容易，製作的時間只需要一半，所需的燃料和裝備亦比較少，因此，整個成本自然比較少。

豆漿保有黃豆裡83％的蛋白質，而豆腐裡則只有73.5％（在去除乳清和浸泡的過程中流失掉了）。豆漿是一種比較簡單的食品，由於在製造過程中無需加入任何凝固劑，所以能保留黃豆完整的微甜滋味，這種味道會隨著浸泡絹豆腐或一般豆腐成品的時間長度而流失。此外，豆漿還可以拿來餵給年紀太小還不能吃豆腐的嬰兒。

近年來，不少生產豆漿的大廠已開發出讓豆漿擁有類似牛奶的味道的生產方法。黃豆特有的味道存於水溶性黃豆酵素中，而不是黃豆蛋白質或油脂中，在浸泡前後將黃豆脫殼、徹底清洗並瀝乾好幾次，再讓豆汁在攝氏一一五度高溫下烹煮八分鐘左右，這種味道便被去掉了。

有些製造商會將豆漿於攝氏一四五度的高溫下殺菌幾秒鐘，然後用鋁箔包的利樂紙盒包裝起來，就可以讓豆漿在沒有冷藏的情形下保存一個月之久。

據說這些淡味的現代產品比傳統的豆漿更具吸引力，不過，我們和所有中國人及多數日本豆腐師傅一樣，還是比較喜歡天然產品的風味。

豆漿用來製作豆腐乳（一種像起司浸於鹽水中發酵的柔軟製品）已經有好幾個世紀之久。豆漿還可以用來製作西式起司，此外，豆漿亦可像牛奶一樣加入發酵粉來製成美味又便宜的優酪乳。在西式料理中，豆漿可用於任何要用到牛奶的烹調中。

豆漿可以很簡單地在家中新鮮製成，在大多數的天然健康食品店、超市也都可以買得到的任何一種新鮮豆漿、豆漿粉或罐裝豆漿。

## 自製豆漿

接下來的食譜，是一家日本豆腐店所使用的傳統方法，這營養豐富且味道濃郁的豆漿含有5.5%的蛋白質（牛奶裡的則是3%）。利用從店舖買來的黃豆，便可以在家裡以少於牛奶的一半費用來製作豆漿，並且只需二十分鐘便可食用。

如果您不打算自製絹豆腐或豆皮，而且想稍微多製作些豆漿的話，一開始時，可以在煮鍋裡煮熱一杯水（而不是半杯），其他所需的用具包含了自製豆腐時所需的工具（見第139頁）。

**材料**（3¼杯）

黃豆……………………1杯

水（大約）……………………4杯

**作法**

1將黃豆洗淨並瀝乾三次後，浸泡在二公升的水中十小時，再沖洗瀝乾兩次；同時，如同製作自製豆腐般地事先將壓力鍋和擠壓袋（見第140頁）準備好。

2用小火將有蓋煮鍋裡的半杯水加熱，同時，將豆子和二杯水於一個攪拌機裡混合好，並用大約三分鍾的時間，以高速打成泥或直到變滑順（如果使用磨穀機、食品攪碎機或絞肉機，就不需要再加水來碾碎豆子，請直接將二杯水加入煮鍋內）。

3把豆泥汁加進煮鍋裡正在熱（或滾）的水中，再用〇・二五杯水沖洗黏在攪拌機邊上的豆泥汁；轉中大火後繼續烹煮，期間要不停地用木匙或湯匙攪拌鍋底以防黏鍋（見第143頁）。

4當泡沫突然從鍋裡冒上來時，立即關火，並將鍋裡的東西倒進擠壓袋裡（見第144頁），用一個橡皮抹刀將黏在煮鍋邊上的豆泥汁收集起來移到擠壓袋裡。迅速地將煮鍋裝滿水，放置一旁浸泡。

5將熱的擠壓袋袋口扭緊，使用玻璃罐子或馬鈴薯搗泥器將擠壓袋靠著濾盆擠壓，儘可能地擠出愈多豆漿愈好（見第144頁）。

6打開擠壓袋將豆腐渣搖散至一角落，封起袋口再次擠壓。現在，於濾盆上將袋口打開，攪拌豆腐渣並同時對著豆腐渣吹氣以加速冷卻。在讓豆腐渣冷卻三至五分鐘的同時，你可以將煮鍋清洗乾淨。

7於豆腐渣表面上灑半杯水，封好擠壓袋口並充分擠壓，如同先前一樣，再用手擠出最後一滴豆漿（見第144頁），將豆腐渣倒入一個大容器內並置於一旁。

8將豆漿倒入煮鍋並以中強火（medium-high heat，註：大約是攝氏一九〇度至二三〇度）煮滾，不停攪拌以免黏鍋底，調至中火再煮五至七分鐘，然後熄火。

9熱飲或冷飲豆漿皆可，你可以加點蜂蜜或糖、堅果仁醬等為豆漿調味；如果想要冷飲的話，趁豆漿還熱時先作調味，蓋上蓋子後置於冷水中放涼十分鐘，再倒入瓶子內。蓋上瓶蓋後，放入冰箱冷藏。

10你可以用豆漿來取代所有料理中所使用的牛奶，或是用豆漿製作自製絹豆腐或豆皮，剩下的豆腐渣含有豐富的營養成分，務必好好利用。

### 百變豆漿

*如果想讓豆漿帶有清新微妙的柑橘芳香與稍微濃郁的奶油口感，可以在第八個步驟的開始時，加一片非常薄的檸檬、萊姆或柚子片，飲用前將薄片取出。

*如想讓豆漿有較為溫和的風味（較為類似牛奶），可以把浸泡過的豆子在水龍頭下將豆殼搓洗掉，然後用篩子撇乾淨。

## 自製中式豆漿

中式豆漿通常比日式豆漿稀薄，而且更難製作許多。由於未經加熱的豆腐渣不容易從擠壓袋裡瀝出，所以這種製法讓營養成分少了10％左右。

若豆腐渣將用於料理，請務必徹底煮熟豆腐渣，因為在煮中式豆漿時，豆腐渣並未與豆漿一起煮熟。

**材料**（5杯）

黃豆……1杯
水……5½～6杯

**作法**

1將黃豆洗淨並瀝乾三次後，浸泡在二公升水中約十小時，然後沖洗瀝乾二次。
2將黃豆與三．五杯溫水加入攪拌機內混合，用高速打三分鐘使黃豆變成泥後，把豆泥汁倒入鋪在濾盆上的濕潤擠壓袋中，扭緊袋口，輕輕但徹底地擠壓袋子，儘可能地擠出所有豆漿。
3取出豆腐渣並倒回攪拌機內，加入二至二．五杯溫水，再攪打約一分鐘左右，將豆腐渣倒回擠壓袋並再擠壓。
4用大火將豆漿煮滾，期間需不停地攪拌，調至小火煨五至七分鐘（如果泡沫開始升起，就用篩子撇乾淨）。加入適量的糖，冷熱飲用皆可。

## 自製豆漿（用豆漿粉來製作）

雖然由豆漿粉製成的豆漿，成本會比用黃豆原粒來製作稍微昂貴一些些，美味度也差了一點點，但在製程方面卻會快上許多——因為省略了研磨黃豆和擠壓豆腐渣的時間。通常來說，只需不到十分鐘的時間就可完成豆漿。這個作法非常適合露營時或當豆漿與其他材料混合時使用；許多天然食品店和超市都有賣豆漿粉。此外，依本食譜所製作出來的豆漿，可以用來製作絹豆腐（見第222頁）。

**材料**（3杯）

豆漿粉……1杯

水……3杯

**作法**

將豆漿粉和水於一個三至四公升的煮鍋中混合，充分攪拌至溶解，用大火煮滾，期間需不停攪拌。煮滾後，轉小火，煨煮個三分鐘即完成。冷熱飲用皆可。

## 自製豆漿（用黃豆粉來製作）

當你沒有辦法取得黃豆或豆漿粉，或者是沒有攪拌機或研磨機時，這個食譜可以派得上用場。

**材料**（4¼杯）

黃豆粉……1杯

水…………………………3½杯

**作法**

1將黃豆粉與三杯水放入一個小煮鍋裡混合，以中火煮滾並不停地攪拌。

2如同製作自製豆漿（見第202頁）那般，用一個布袋將豆漿擠壓出來；接著用半杯水將豆腐渣沖洗過，然後再擠壓。現在將豆漿煮滾，煮沸後再煨個五分鐘即可飲用。

**百變豆漿**

也可以用雙層鍋（double boiler）煮豆漿，直接煮五十分鐘，可以省略第二道烹煮手續。

## 豆漿優格

豆漿發酵的速度比牛奶快，所以製作豆漿優格所需的時間與發酵粉都較少，花費的功夫也比乳製優格少上許多。製作豆漿優格不需要任何特別的醞釀或加熱設備，而且只要在室溫之下就可以製作。假如你是自製豆漿來製作豆漿優格，那麼成本大約只有市售乳製優格的六分之一，但它的蛋白質成分卻是乳品優格的兩倍之多。

發酵劑（新鮮原味優格）裡的細菌所產生的的乳酸，其角色就跟鹽鹵一樣，是作為蛋白質凝固劑。

**材料**（3¼杯）

自製豆漿……………………3¼杯

優格……………………1茶匙

**作法**

1 讓新鮮製好的豆漿待涼至稍微比人體溫度低，將薄薄的豆皮從豆漿表面取下並保留下來。

2 將優格拌入豆漿裡，然後將接種過乳酸菌的豆漿倒入一個乾淨的瓶子裡，蓋上蓋子，於室溫下靜置十四至十八小時。要注意，如果靜置發酵的時間太短，優格濃烈且微妙的美好酸味就不能形成，但發酵的時間如果太長，優格會變得較酸，且可能分離出豆乳和乳清。

3 完成時，預留下幾匙新優格作為下批優格的發酵劑。作好的優格可直接食用，也可加少許蜂蜜調成甜味，或是加入香蕉片、葡萄乾、烤胚芽、椰子粉、蘋果塊、切碎果仁、葵花籽或燕麥片混合食用。

## 百變豆漿優格

如果你是用商店裡購買的豆漿，只要在室溫下混入發酵劑並按照上述步驟進行，也可以很容易地製成優格。如果想要縮短發酵的時間，可以試著在加入發酵劑之前先加入一茶匙蜂蜜，或是使用多一點的發酵劑。此外，你也可以使用優格發酵機（註：這種小家電的功用其實就是一臺保溫器），將溫度設定在攝氏三八至四三度之間（註：乳酸菌生長最快速的溫度區間）。

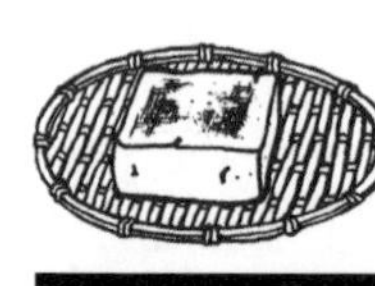

CHAPTER 11

# 絹豆腐

絹豆腐的日文為「絹漉し豆腐」，也可以直接縮寫成「絹漉し」，「絹」指的是「絹布」（註：生絲織品），「漉す」則是過濾的意思。絹豆腐這名字取得真好，因為絹豆腐有一種非常細膩的質地，看起來就像是從絹布中濾過的那般。

品嚐柔軟潔白的絹豆腐時，它會像布丁或結實的優格般在嘴巴中融化。

由濃豆漿製成的絹豆腐，有種微妙的芬芳（特別是以鹽鹵作凝固劑所製成的絹豆腐）和自然甜味，與濃厚的新鮮奶油很類似。

在日文中，有不少用來描述絹豆腐的質感和味道的詞句，例如「舌触り」，是指當食物接觸到舌頭那一刻的特別感覺，而「喉越し」則是豆腐在喉嚨裡滑落的溫和感覺。絹豆腐是強烈的舌触り和喉越し的縮影，沒有一般豆腐的那種細粒結構和內部凝聚性，而是非常之細緻，甚至用一支筷子就能毫不費力且均勻地將它切開——幾乎像是滑過——並留下近乎光滑的表面。

在豆腐店或市場裡，一塊絹豆腐和一般豆腐幾乎毫無分別，形狀看起來一樣，不過，絹豆腐通常稍微小一點、顏色白一點、表面較光滑且氣孔也較少。兩種豆腐都用同樣的基本材料製成，並以差不多一樣的價錢販售。然而，絹豆腐其實是以一種完全不同的的方法來製作的，其中一個主要的特徵，便是使用相當濃的豆漿來製作。

用來使絹豆腐成形的盒子，既沒有讓水瀝出的孔洞，也沒有鋪上布，在豆漿還熱的時候，便將它倒入底部已有硫酸鈣凝固劑的木盒內——多數街坊鄰近的店都是使用硫酸鈣來凝固的，但傳統的作法其實是在豆漿倒進去後，立刻將調配好的鹽鹵水溶液慢慢地拌入豆漿內。

讓絹豆腐置於成形盒中二十至三十分鐘直到變硬，豆漿凝乳和乳清從未被分開，而且豆腐亦不被擠壓；最後，用一把長刀將每個盒子裡的豆腐的四邊修飾好，並將它和木盒一起浸入冷水中，再小心取出豆腐，切成三百六十克一塊。

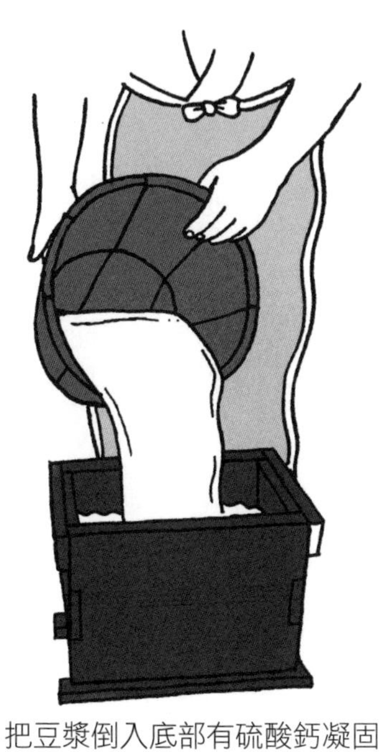

把豆漿倒入底部有硫酸鈣凝固劑的木盒。

傳統作法是在倒進豆漿後拌入凝固劑。

製作一般豆腐時，部分的蛋白質、維生素B、自然油脂和糖會因為溶於乳清中而被濾掉，但製造絹豆腐時並不需要將乳清取出，因此，絹豆腐比一般豆腐含有更多來自黃豆的營養成分。

絹豆腐的水分較高，因此蛋白質含量比一般豆腐少些（5.5%和7.5%的差異），但就算較高的水分含量使得絹豆腐較為柔軟，但它均勻分佈的細紋結構卻能避免豆腐在浸泡於水中時流失自然糖分（和凝固劑），所以通常保有更多豆漿的甜味。

另一方面，由於絹豆腐精緻細嫩的紋理，它無法被擠壓變硬，並且在以醬汁或調味高湯燉煮時，也不容易入味，但就算絹豆腐在烹調的通用性方面很有限，其精美的質感和奶油般濃郁的甜味，仍然使它成為一種異常美味的精緻食物。

延著成形盒的四邊修飾好豆腐。

## 冬暖夏涼兩相宜

在日本，絹豆腐就像涼爽的絲綢，讓人與夏天聯想在一起。冰涼著食用時，絹豆腐就像蜜瓜一樣甘美多汁、清淡爽口，而且能止渴，讓身心都感受到清涼，同時還能提供讓人在大熱天下工作所需要的能量。

在最炎熱的月份裡，日本大部分的絹豆腐是作成冷豆腐（冷奴）來食用，這道突顯豆腐風味的菜餚，嚐起來簡單、美味又令人精神為之一振。

當每年的秋風初次染紅楓葉時，絹豆腐也開始以它第二受歡迎的角色出現——湯豆腐！就像夏天的冷豆腐，湯豆腐是日本最受歡迎的鍋料理。在很多高級餐廳裡，火鍋是以炭火加熱的，並且是在戶外享用，除了閃著火光的木炭、紙燈籠和熱氣騰騰的豆腐，沒有任何光源或熱源。

絹豆腐的其他用途，是放進味噌湯、清湯或其他配以日式醬油、沾醬或味噌調味食用的菜式裡。你可以用普通豆腐代替絹豆腐，但菜餚所呈現的質感未必會那麼柔軟滑溜。

相對來說，使用普通豆腐的菜餚並非全都能用絹豆腐來取代——尤其是當食譜說明豆腐需要被擠壓、串燒、浸水煮熟或煎成小方塊。絹豆腐通常也不會用在炒蛋、蛋捲或砂鍋料理當中，因為它所含的水分比所需要的還多，它最佳的效果是蒸或攪打成泥來製作奶油醬汁、抹醬、沾醬、醬汁，或是嬰兒及老年人的食品。

在許多日本豆腐店，絹豆腐只會在暖和的月份（如五月至十月）供應，這個時期人們對絹豆腐的需求往往高於一般豆腐。

某些豆腐師傅，會在加入凝固劑前將少許新鮮磨碎的柚子皮、青檸皮或生薑根混進豆漿裡，來增添少許香味。

## 五種絹豆腐

日本有五種不同的絹豆腐，決定每一種絹豆腐品質的主要因素，在於豆漿的濃郁程度，以及所用凝固劑的種類。

最傳統的絹豆腐（以鹽鹵作凝固劑）應該是日本最先開發出來的，製作這種豆腐需要相當高的技術，並且用鹽鹵凝固的豆腐非常容易在運送期間碎掉，所以只有少數一流的豆腐店才會製作這種絹豆腐。事實上，這種豆腐被視為稀有的珍品，大部分的日本人都沒有機會嚐到。

## 色紙豆腐

最初形式的鹽鹵絹豆腐是「色紙豆腐」，是用三十到五十個小木桶製成。每個木桶的深度與直徑都約十公分，裡頭塗上一層天然漆。熱豆漿被倒進桶子後拌進鹽鹵，等待其凝結成絹豆腐，然後把所有木桶浸於水中再將豆腐取出，最後以圓柱狀來出售。

一七〇三年初，第二種鹽鹵絹豆腐首度由在東京豆腐餐廳「笹乃雪」（見第285頁）所製出。現今日本並沒有其他的店舖製作鹽鹵絹豆腐，主要是因為缺乏足夠天份的師傅（我們前往採訪時，這一代的師傅花了整整六年的時間才學會整個製作過程）。

笹乃雪美味的絹豆腐，含有鹽鹵引出來的無與倫比甜味，是許多日本豆腐食家的最愛。「笹乃雪」的意思是「笹の上に積もりし雪の如き美しさよ」（就像竹葉上的雪一樣美麗），這是對豆腐細膩柔軟的精確描繪，也成了笹乃雪名字的由來。三百年來，「鹽鹵絹豆腐」和「笹乃雪」這兩個名詞仍幾乎是劃上等號。笹乃雪提供十二道豆腐菜單，每一道都是以它們家的絹豆腐作為主角。

## 硫酸鈣絹豆腐

由於歷史的突然轉變，使得絹豆腐由一種罕見且稍微有些貴氣的食物，演變成為真正的大眾化食物。第二次世界大戰初期，日本政府沒收所有鹽田裡的鹽鹵，用來當作興建輕型飛機所需的鎂來源，導致豆腐師傅被迫改用硫酸鈣來作為凝固劑。當時這種用硫酸鈣所凝固出來的豆腐，後來被認為比較遜色，但由於這種豆腐所需的製作時間和功夫都較少、製作出來的豆腐比較結實且容易運送，使得當時日本幾乎每個豆腐師腐都開始製作起絹豆腐。

大部分的日本人是在一九五〇年時才第一次品嚐到絹豆腐——雖然現在絹豆腐已經變得像一般豆腐那樣普遍，製作的時間和功夫也都比較少，但是這種絹豆腐仍然保有其原始高貴感。

碳酸鈣絹豆腐的售價雖然與一般豆腐相同，但其體積卻比較小。這種目前最受日本歡迎的絹豆腐，在很久以前的中國就已經使用石膏粉（天然硫酸鈣）在製作了（註：在中國、臺灣稱「嫩豆腐」）。

## 內酯絹豆腐

第三種絹豆腐是由「內酯」（葡萄糖酸—δ—內酯，簡稱GDL）所製成，內酯是一種由天然葡萄糖酸所製成、用來凝固豆漿的有機酸，就像乳酸或優格發酵粉被用來凝結牛奶那樣。內酯首次實現了只需要將豆漿加熱至沸點以下——甚至冷豆漿——就可以將很稀的豆漿凝固。

街坊豆腐店所用的內酯，一般是與硫酸鈣混合，大部分日式超市內所販售的速食自製豆腐中的豆漿粉亦含有內酯。

## 包裝內酯絹豆腐

第四種在日本買得到的絹豆腐是包裝好的內酯絹豆腐，這種絹豆腐也用

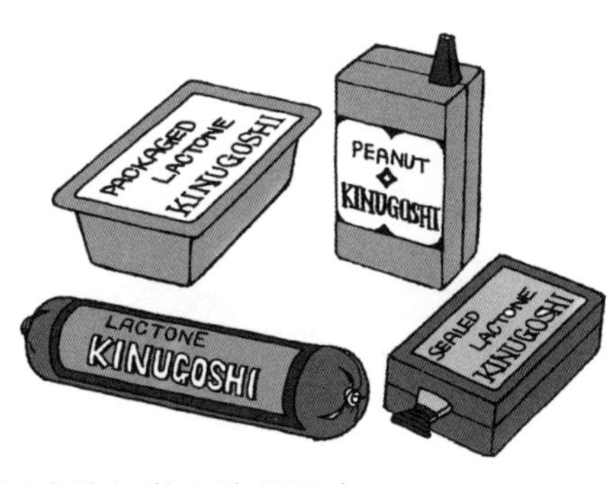

新式的包裝內酯絹豆腐。

內酯作凝固劑，但冷豆漿是在被裝入販售時的塑膠包裝盒內時，才與凝固劑混合。

豆腐的容器覆蓋著一層塑膠膜，加熱密封，並在工廠裡浸到熱水中約五十分鐘左右，讓豆腐凝固（有時候，豆腐是放在像香腸的包裝袋內凝固）。這個製法讓豆腐能在高度自動化的工廠裡大量生產，每日最高可生產多達六萬塊豆腐。

這種三百克包裝的包裝內酯豆腐，是日本最便宜的豆腐，被運送至數百里的地區，並在超市以普通豆腐68％的價錢（以可用蛋白質作為基準），以及街坊豆腐店絹豆腐60％的價錢（以同等重量作為基準）來販賣。

此外，因為豆腐是殺菌後密封在容器內，因此它在冷藏保存的情況下，新鮮度可以維持一個星期之久。

很多時候，豆腐的低價格反映的是用稀薄的豆腐所製作出來。雖然這種豆腐的味道相對較淡，而且用內酯作凝固劑讓它的質感變得像果凍，但由於其零售價格每磅（約三十克）可以低至十五分錢，因而拓展出非常大的市場。

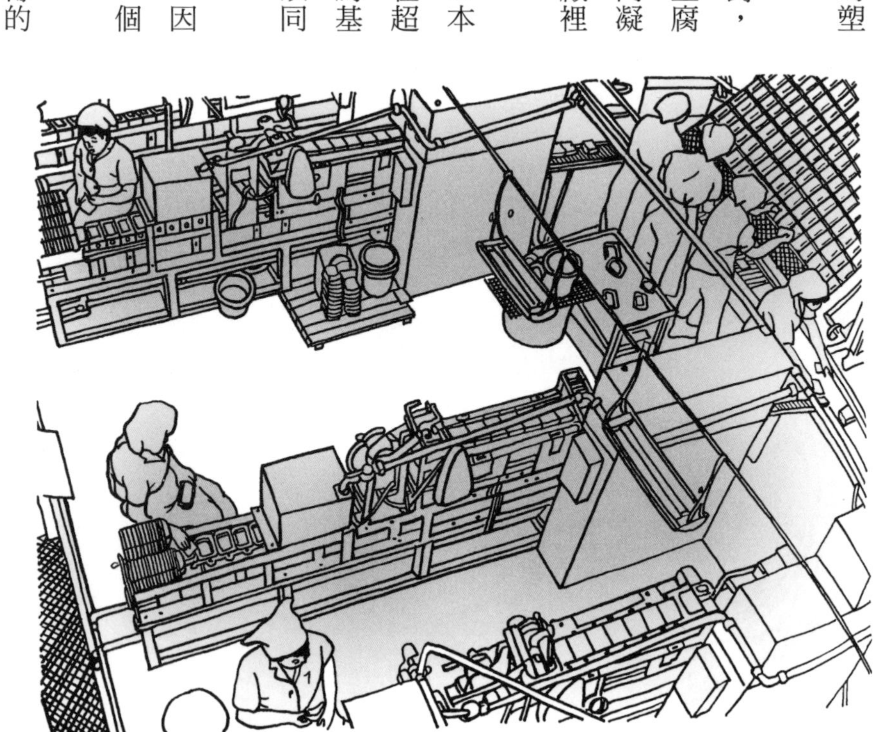

現代化的內酯絹豆腐工廠。

最近已經有幾種較為優質（也稍微貴些）的包裝內酯絹豆腐可以買到——使用濃一點的豆漿製成的絹豆腐（含有5.5％的蛋白質），是使用內酯和硫酸鈣的混合物來凝固的。

## 密封內酯絹豆腐

第五種絹豆腐是密封內酯絹豆腐，將豆漿內酯混合物從一個很小的開口注入內壁很厚的聚乙烯容器內，然後將開口掐掉並高熱密封起來，以確保沒有空氣進入，然後再浸到熱水裡加熱凝固。這種豆腐（不含防腐劑）可以保存二至三個月，其堅固的容器，也使得豆腐在運送的時候不會滲漏出來，精緻凝乳的結構也不會被破壞。

雖然因為容器的價格較高，使得密封內酯絹豆腐零售價比包裝內酯絹豆腐高出85％到90％，但仍然相當便宜，而且它的方便性也讓許多人們愛用。

密封內酯絹豆腐有三種不同的口味：原味、花生口味和雞蛋口味。花生口味的是將花生果仁與黃豆混在一起磨碎製成豆漿；雞蛋口味則是將雞蛋拌入冷豆漿中，稍微加熱後注入容器裡。這兩種口味的密封內酯絹豆腐比一般絹豆腐多含了26％的蛋白質，是許多天然健康食品店裡受歡迎的食品。

## 軟豆腐

另一種與絹豆腐非常相似但仍略有不同的新式豆腐叫「軟豆腐」，它是使用硫酸鈣來凝固，也不需要將凝乳和乳清分開來，但豆腐有經過擠壓。

軟豆腐是在凝乳桶中凝固，凝固的凝乳會被舀入一般豆腐的成形盒子裡，用重物擠壓至變硬。

軟豆腐有著和絹豆腐非常相似的光滑表面和均勻口感，並具備一般豆腐所擁有的內在濃度和黏稠性，甚至因其非常細密的紋理而難以擠壓。

一般來說，軟豆腐可以用於原本需要使用絹豆腐的料理中。據估計，日本在夏天期間，一般豆腐的總食用量只占五種絹豆腐和「軟豆腐」的四分之一。

美國已有不少日式和中式豆腐店都有製作絹豆腐，一塊三百六十克的絹豆腐，包裝與一般豆腐一樣，通常是叫「用絲細濾過的軟豆腐（Kinugoshi Soft Tofu）」，在某些中式商店則叫「水豆腐」，大多是用內酯或硫酸鈣來凝固的。

一些價格較高的罐裝絹豆腐可在某些日系超市或合作社買到，但我們認為，這些罐裝絹豆腐的風味並沒有預期的好。

幸運的是，絹豆腐非常容易在家中自製，甚至使用鹽鹵類凝固劑來製作也很容易。

## 自製絹豆腐（用黃豆原粒來製作）

絹豆腐比一般豆腐更容易製作且更快，無需使用特別的成形容器，產量也較一般豆腐多，四百五十四克的黃豆能製作出二千零四十克左右的絹豆腐，而且只需一半份量的凝固劑。

用天然鹽鹵或氯化鎂鹽鹵所製作出來的絹豆腐最精緻美味，但用硫酸鈣製作的絹豆腐硬度較高，也最容易製作。通常來說，在開始製作豆漿的五十分鐘後，就有做好的絹豆腐可以享用了。

以下方法做好的絹豆腐，均是當作布丁或用模子壓出形狀的沙拉般食用，最後一種做法（即第219頁的「豆腐店式絹豆腐」）則是先將絹豆腐從成形容器中取出，切成一塊一塊，就像日本的絹豆腐一樣。

**材料**（810克）

自製豆漿……3¼杯

水……2湯匙

凝固劑

1 精緻微甜的鹽鹵絹豆腐（以下擇一）

＊½茶匙的氯化錢或氯化鈣

＊⅜茶匙天然鹽鹵顆粒或粉

＊⅓～1茶匙以海鹽製成的天然鹽鹵

＊½～1½茶匙精煉鹽製成的天然鹽鹵

2 結實且溫和的絹豆腐（以下擇一）

＊½茶匙瀉鹽（硫酸鎂）或硫酸鈣

＊1茶匙內酯

3 結實且微酸的絹豆腐（以下擇一）

＊4茶匙檸檬汁或萊姆汁

＊1湯匙（蘋果）醋

**作法**

1首先自製豆漿（見第201頁）。然後，將一個一．五至三公升的食用碗或砂鍋置於堅固的平面上（使鍋或碗不會被抖動或搖晃），倒入新鮮製好的熱豆漿，蓋上蓋子。

2取一個小杯子，倒入凝固劑與二湯匙水，迅速地混合攪拌直到完全溶解於。前後來回輕輕且快速地攪拌豆漿三至五秒，迅速地將所有凝固劑溶液倒入豆漿裡，繼續攪拌豆漿三至五秒以上，要確定攪拌時有接處到容器底部。

3將湯匙垂直於豆漿中央，停止不動，待「豆漿湍流」靜止後，取出湯匙，讓豆漿在無蓋和不受打擾的情況下靜置二十至三十分鐘，使之冷卻凝固，再以保鮮膜包好，放進冰箱冷藏或將碗浮於冷水上，直至豆腐冰涼。食用時，可直接將碗放在桌上或將絹豆腐舀進每個食用碗裡頭，如冷豆腐般食用。

## 百變絹豆腐

**＊香味絹豆腐：**在加入凝固劑前，將以下其中一種材料拌入豆漿內：〇．二五茶匙碎柚子皮、檸檬皮或萊姆皮；〇．二五至〇．五茶匙生薑根泥；十至十五片切碎的薄荷葉；十片青紫蘇葉，紫蘇葉先用水浸泡十分鐘，瀝乾，再放於乾布內輕輕地壓乾後切碎。食用香味絹豆腐時，用二茶匙紅蓼來裝飾。

**＊花生絹豆腐：**在加入凝固劑前，將二或三湯匙香滑花生醬與少量的熱豆漿調勻，拌進豆漿內；或是在製作豆漿的過程中，將三至四湯匙花生與黃豆一起攪打成泥，並將凝固劑的份量增加25％。

**＊雞蛋絹豆腐：**在加入凝固劑之前，將兩粒稍微打散的雞蛋與熱豆漿一起攪拌。

**＊翡翠絹豆腐：**在加入凝固劑之前，將一湯匙抹茶粉和三湯匙蜂蜜拌入豆漿內。豆腐冰涼後便可食用，無需配料或裝飾。

**＊甜味絹豆腐：**在加入凝固劑之前，將一湯匙蜂蜜或糖拌入熱豆漿內。

**＊微甜的結實絹豆腐：**使用一．二五茶匙瀉鹽（硫酸鎂）或硫酸鈣和〇．二五茶匙氯化鎂或氯化鈣混合液來凝固豆漿。

**＊凝膠絹豆腐：**用〇．五茶匙內酯和〇．二五茶匙硫酸鈣（或瀉鹽）的混合液來凝固三．二五杯的豆漿。

**＊豆腐店式絹豆腐：**

⑴用一個直徑十二．五至十八公分、一．五公升的平底深鍋或盒子（木製或金屬）來取代大鍋或砂鍋當成形容器。

⑵豆漿倒入成形容器靜置十五至二十分鐘，當絹豆腐變得較為結實時，將平底深鍋浮放在盛滿冷水的盆子裡或水槽內幾分鐘，小心地以一把抹刀或刀子將絹豆腐從容器的邊上分割開來，然後切成四份，之後慢慢地在水中擠壓容器的一邊，使水分漸漸滲進容器內。

⑶待數分鐘，使豆腐更加冷卻且變得更結實，如果此時絹豆腐塊沒有浮起來，用抹刀小心地將每塊豆腐從底部分割開來，待五至十分鐘直到豆腐中間變結實。現在，讓每塊豆腐下滑進一個小碟子，取出豆腐、瀝乾後就可以直接食用，或是將豆腐放在陰涼的地方保存。

## 自製絹豆腐「卡士達」（色紙豆腐）

日本最早期的絹豆腐，就是以這個簡單但吸引人的方法所製成的，如果使用的是硫酸鈣凝固劑，它會慢慢凝結豆漿，倒入食用杯裡時凝乳和乳清就不會分開來。這個食譜可以製作三至四人份的色紙豆腐。

**作法**

1 製作自製豆漿（見第201頁）。

2 放好三至四個布丁杯或咖啡杯，依自製絹豆腐的作法（見第218頁）將凝固劑與二湯匙水混合，再迅速拌進煮鍋中的熱豆漿裡。立刻將豆漿凝固劑混合液倒進杯子裡，冷卻並冷藏，如自製絹豆腐那般。

3 裝在杯子裡，用日式醬油或淋上勾芡醬（或其他可以搭配冷豆腐的沾醬）來食用。

### 百變絹豆腐「卡士達」

**＊絹豆腐「卡士達」配香脆蔬菜：**這道菜跟茶碗蒸十分相似，將以下的材料切丁或切條（蓮藕、紅蘿蔔、蘑菇、銀杏果、青豆、三葉草和牛蒡），用甜醬油汁（見第190頁）煨煮直到變軟。將三湯匙蔬菜放在布丁杯底，然後倒入豆漿凝固劑混合液，靜待數分鐘，取少許蔬菜戳進凝固中的凝乳裡，並在凝乳表面撒上幾片蔬菜。

**＊水果甜味絹豆腐：**在五個布丁杯裡放入三分之二滿的新鮮草莓、切薄片的桃子、香蕉或蘋果。接著製作約食譜份量一半的自製豆漿（見第201頁），快速將以下材料拌進熱豆漿裡：一至二湯

匙蜂蜜、〇．二五茶匙香草精和〇．三七五茶匙硫酸鈣凝固劑。將豆漿混合液迅速倒進布丁杯裡，蓋過裡面的水果。靜置放涼，然後用保鮮膜包好，冰涼後食用。

**＊香濃絹豆腐「卡士達」甜點：**將〇．五杯奶粉（或牛奶）倒進三．二五杯熱豆漿裡，然後拌入〇．七五茶匙硫酸鈣凝固劑。接著，立刻將豆漿凝固劑混合液倒進杯子裡。冰涼後可以直接食用，也可以加上少許蜂蜜、楓糖漿或燕麥片，或是搭配其他適合搭配冷豆腐的任何一種日式沾醬和配菜。

## 自製軟豆腐

軟豆腐是將絹豆腐舀進用布鋪好的成形容器所製成的，成品較為結實、有黏著力，雖然沒有絹豆腐那般精緻，但更柔軟、滑順，產量比一般豆腐高。製作時務必使用硫酸鈣凝固劑，這個食譜可以製作約六百五十至七百克的軟豆腐。

**作法**

1自製豆漿（見第201頁），但在煮鍋裡熱二．五杯的水（而不是〇．二五杯），並且用〇．五杯水（而不是〇．二五杯）來沖洗豆腐渣。

2像自製絹豆腐一樣，使用〇．五茶匙硫酸鈣凝固劑來凝固，拌入凝固劑後，讓豆腐靜置八分鐘，然後小心地將大塊的柔軟凝乳一匙匙舀進用布鋪好的成形容器裡（就像自製一般豆腐那樣），避免在每勺凝乳鄰接的地方留下空隙。

3 蓋好蓋子，用二十五克重的重物擠壓五分鐘左右，然後多加六百八十克的重物再壓二十分鐘或直到乳清不再從成形容器裡瀝出。

4 在水中冷卻十至十五分鐘後才將布取出，如冷豆腐般食用。

## 自製絹豆腐（由豆漿粉製作）

這種方法非常適合在露營時製作，因為材料十分輕便，所需器具就只有一個二公升的鍋子和一個量杯，豆腐只需花八至十分鐘準備，然後用二十分鐘讓它冷卻及變硬。這個食譜可以製作約七百克的絹豆腐。我們發現到，如同百變絹豆腐「卡士達」（見第220頁）中所提到的任何一種材料，或是百變絹豆腐的前五種變化的材料（見第218頁），可以讓用豆漿粉製作的自製絹豆腐風味大大改善。

**作法**

1 使用一杯豆漿粉來製作自製豆漿（見第204頁）。

2 使用自製絹豆腐食譜中相等份量的任何一種凝固劑（見第217頁），在一個小杯內快速地將凝固劑與二湯匙水混合，攪拌至溶解，然後將凝固劑混合液拌進熱豆漿內。

3 若你用硫酸鈣作凝固劑，豆漿凝固劑混合物可倒進杯子裡製成絹豆腐「卡士達」。

## 自製濃味牛奶絹豆腐（嶺岡豆腐）

本食譜可製作約六百八十克的嶺岡豆腐（註：「嶺岡」指日本乳牛養殖發源地——千葉縣的嶺岡牧場。嶺岡豆腐即牛奶豆腐，是從江戶時代傳承至今的甜點，據說當時來到牧場視察的德川吉宗將軍想吃豆腐，但臨時找不到黃豆和鹽鹵，隨行的廚師便利用牛奶和葛粉製成類似豆腐的料理，並得到將軍的高度評價，之後日本料理若有使用到牛奶的菜餚，菜名中常會冠上「嶺岡」二字）。

**作法**

1使用一杯豆漿粉、一．五杯牛奶以及一．五杯的水來製作自製絹豆腐。

2用〇．七五茶匙硫酸鈣來凝固豆漿，於鍋中或個人食用杯裡待涼變硬（如絹豆腐「卡士達」那般），就這樣冰涼食用或加上少許蜂蜜、楓葉糖漿或黃砂糖食用。

## 自製改良式絹豆腐

真正的絹豆腐是用鹽（如鹽鹵或硫酸鈣）或酸（如內酯或乳酸）凝固而成，這兩者皆能夠凝結出黃豆蛋白質。

然而，豆漿也可以用其他的膠凍劑來凝固，以製作出與絹豆腐類似的柔軟且質地均勻的豆腐。使用下列任何一種材料來凝固三．七五杯（自製）豆漿。

1 瀧川豆腐（見第119頁）：使用二根洋菜（十六克）。

2 豆漿「葛粉麻糬」：使用〇・五杯葛粉、竹芋粉或太白粉；〇・五茶匙硫酸鈣和〇・五茶匙太白粉的混合物。

3 蛋豆腐：用三至四顆打散的雞蛋。

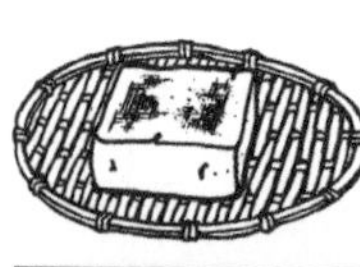

CHAPTER 12

# 烤豆腐

當早晚的天氣開始轉涼，季節從晚夏來到了初秋，許多豆腐店也逐漸停止製作絹豆腐，而將重心轉移到烤豆腐（焼き豆腐）上。

表面上有棕色斑點並且具有獨特焙烤風味的烤豆腐，很容易被認出來。烤豆腐比一般豆腐稍微長且薄一些；此外，不同於一般豆腐質地柔軟且容易彎曲，烤豆腐結實又緊密，其質地與中式木棉豆腐很類似。

不論是在壽喜燒或其他鍋料理中燉煮，或是串起來並焙烤製成田樂，烤豆腐都能保持其形狀。此外，烤豆腐的水分相當少，所以相當容易吸收高湯、清湯或砂鍋料理的味道。

烤豆腐所用的凝乳與一般豆腐相同，但為了讓它產生強韌且具黏聚力的質地，豆腐師傅會將凝乳木桶內的凝乳攪碎至細小顆粒狀，舀出比平常更多的乳清，並且快速、粗略地將凝乳倒入成形盒子，用四到五公斤的重物擠壓四十到五十分鐘。

最後，師傅會將完成的豆腐切成十二．五公分長、七．五公分寬、五公分厚，並用竹簾將豆腐放在木板之間，擠壓一小時左右，像製作油豆腐塊一般（見第168頁）。這過程中的每一道手續，會讓豆腐變得更結實緊密，這樣在被串起來置於炭火上燒烤時才能固定得住。

傳統的豆腐師傅用如馬戲團裡雜耍般毫不費力的精確度和炊事馬車（註：炊事馬車即現今餐車的原型）烙餅廚師般的速度來燒烤豆腐，他坐在一個小圓形炭火爐面前，放兩根鐵條在爐口的兩邊，並將充分擠壓好的一塊豆腐串在約三十公分長的堅固金屬籤上，再鋪放在燒紅的炭上。

接著，師傅很快地繼續串好第二塊豆腐，將第一塊豆腐翻面，並把它迅速放置在爐火的另一邊，同時將第二塊排放好並串好第三塊。

就在那多一秒鐘會燒焦豆腐、少一秒會讓豆腐欠缺適當顏色和香味的瞬間，師傅從火上取走第一塊豆腐，查看表面是否恰好呈現金黃色，然後將它投入一桶冷水中，並取出金屬籤。

他緊接著翻轉第二塊豆腐，將第三塊放上去後，再準備下一塊，他會用一把小紙扇將空氣煽進餘火裡。

就這樣，熱呼呼的豆腐散發出炭燒香味，充滿在整個店裡，一縷白色薄煙也隨著早晨的曙光冉冉上升（在傳統的工匠精神中，任何東西都是不可以浪費的，所以工作完成後，師傅會將原先置於大鐵鍋底下仍有餘火的煤炭舀出，放到炭火爐裡，用來暖和客廳或燒煮早茶）。

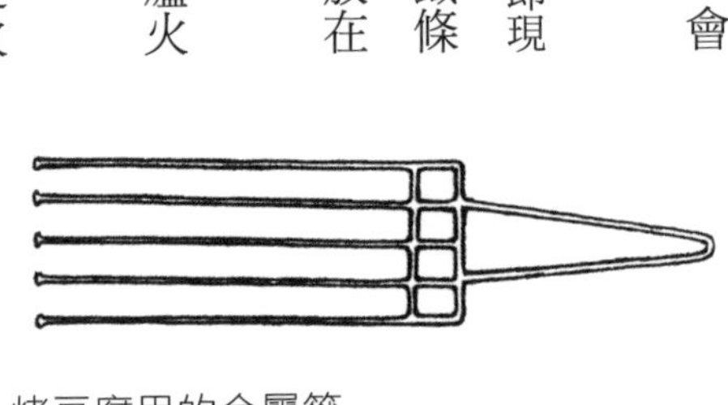

烤豆腐用的金屬籤。

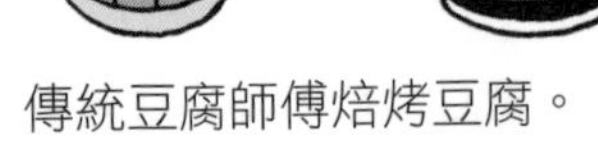

傳統豆腐師傅焙烤豆腐。

烤豆腐可能是日本最早期的豆腐製法之一，現今臺灣並沒有這種豆腐，中式豆腐的相關文字記載也未曾提到過，所以，這種豆腐可能是日本人的另一樣發明。

許多日式農家通常會在鋪了一層炭火的地爐上焙烤普通豆腐，做得很結實的鄉村式豆腐讓豆腐本體可以很輕易地被串起，而不需要事先加以擠壓。焙烤豆腐——尤其在漫長的冬季夜晚——讓一家人聚在溫暖和光亮的爐火旁，而串在特製竹籤上、新鮮烤好的豆腐，可以用一點味噌或醬油調味後趁熱享用，或是用來當味噌湯、御煮染、關東煮或湯豆腐的主要材料。

日式農家特別削製來串烤豆腐的竹籤。

## 重要節慶菜單

即使到了今日，許多日本農村節慶活動中若沒有以烤豆腐的爐邊宴席來作結尾，這場活動就會被視為不完美。

在日本多雪的東北省份中的一個小村落裡，我們就曾親眼見過這樣的節慶活動：當節慶進入尾聲，他們生起一個大營火，全村的人們都圍了過去，在每個人都預備好了六十公分長的竹籤後，村子裡的豆腐師傅開始遞送上新鮮製成的豆腐。伴隨著跳躍的火焰，每個人都跟隨著大鼓的節奏唱歌、拍手，串好的豆腐被直立地插在離火很近的泥土上，烤好後就取起，與溫熱的清酒搭配享用，開吃到深夜。

烤豆腐的古老製法——不串竹籤，只用塗了少許油的高溫鐵製圓形烤爐來製作——目前只有少數鄉間豆腐店和農家仍在使用。豆腐店內用的圓形炭火爐的前身，顯然是一種大約六十公分長的長方形火爐。我們曾看過一個經驗豐富的豆腐師傅使用上述方法的精巧版，用火爐一次烤好五塊豆腐。

如今，用煤炭焙烤和傳統竹籤的製法也正在迅速消失中。現在，大部分日式豆腐店是將擠壓過的豆腐塊排放在鐵盤或厚木棍上，用手提式的丙烷燃燒器所噴出的火焰來焙烤；至於更先進的豆腐店，則是將盛裝著豆腐的鐵盤放在輸送帶上，慢慢地通過數排的丙烷燃燒器。這種新式烤豆腐的外表有點類似傳統烤豆腐，卻不會在豆腐上留下竹籤孔，但也缺乏了炭燒香味和烹調時吸收風味的某些效果。

烤豆腐是日本年菜中的代表性食材之一。依照古老習俗，新年的頭三日——有時甚至長達七日——是不會烹煮新鮮食物的，因此，在十二月的最後兩天，多數主婦會從早到晚忙著準備年菜，並且將它們排放在只有在新年時才使用的特殊分層漆器內。

基本的年菜種類，在發明冷藏技術的好幾百年前就已經制定下來，通常只會使用那些放置一段時間過後仍可保持鮮度的食物。烤豆腐因為製作時需要焙烤且水分含量較少，因而比一般豆腐更能保鮮，是年菜等節日菜單的合適食材。烤豆腐非常結實，即使放在有如天然防腐劑般的甜醬油汁（見第190頁）裡燉煮也不會變形，食用時看起來相當美味誘人。

現在，烤豆腐最常用於御煮染（見第164頁）中。據說，在烤豆腐煮好的幾天後，高湯和新鮮蔬菜的風味會變得更加芳醇並滲透進豆腐裡，此時，豆腐的美味才會達到最高峰。

古法烤豆腐的精巧版。

在年末的最後幾天，豆腐師傅會連朝接夕地趕完客人的烤豆腐訂單，當一年的工作終了、大寺院的鐘聲在午夜時刻響遍整個日本時，師傅可能會用新鮮出爐的烤豆腐來製作一種特別的田樂豆腐——在豆腐的其中一面上塗一層薄薄的味噌，再迅速焙烤，直到飄出香味並冒出金黃色斑點。這熱呼呼的田樂豆腐本身，就是個小筵席，意味著歡迎新年到來。

日本在海外最有名的菜餚當屬壽喜燒了，而烤豆腐就是其中一項必不可少的食材。如果您曾品嚐過「真正的」壽喜燒，就一定也嚐過烤豆腐；在日本，烤豆腐的確較常用於壽喜燒中，後文我們會特別介紹（見第230頁）。

在西方料理，烤豆腐特別適合燒烤或焙烤的菜餚。你可以在戶外的BBQ爐、一個小型日式室內火盆或一個電烤爐上準備好炭火來焙烤豆腐，也可以用各種不同的方法來料理預烤過的豆腐，例如當它是塊大牛排並刷上喜愛的醬汁。此外，烤豆腐也可以用來取代大多數食譜中所需要的一般豆腐，我們覺得運用在西式的蛋料理中特別美味。

烤豆腐的價格，通常會比一般豆腐貴上一成左右，因為它比較大塊、含有的水分較少，並且需要較多的時間、精力和燃料來製作。

在日本，烤豆腐的季節大約會在三月或四月的時候結束，此時，豆腐師傅會收起他的炭火爐，開始製作絹豆腐。

在美國，只有少數地區有供應新鮮的烤豆腐，在某些日系超市有販售叫做「yaki dofu」或「Baked Bean Curd」的進口豆腐罐頭，但由於罐裝、經過冗長的保存，豆腐通常已失去大部分豆腐的風味和細緻質感。如果想要品嚐最佳風味的烤豆腐，我們強烈建議最好自己動手做。

## 壽喜燒

一本約成書於三百五十年前寫的日式食譜，記載有壽喜燒的製作方法：準備野鵝、野鴨或羚羊肉，然後將肉浸泡在溜醬油（たまりしょうゆ）裡，將舊的中式犁於直火上加熱，再把肉放到犁上，搭配柚子薄片，並將兩面焙烤至顏色改變後便可愉快地享用。

日本壽喜燒（鋤焼き）這個詞讀作「すきやき」，意思是「在犁的刀片上焙烤」，雖然現代的做法一般以牛肉為基底食材，但傳統的壽喜燒通常是使用野味、家禽、魚肉或貝類，此外，野豬也是很受歡迎的材料。在京都等地區，鮪魚、鰤魚、鯨魚、榮螺和扇貝等海鮮都被廣泛地使用在這道菜餚裡。

### 多國混血

壽喜燒是經過數次奇特的歷史轉變才變成現在這個樣子的。最早期的製法，是由農夫、獵人和漁民所發明的，他們使用犁或其他手邊可得的器具將獵物放在直火上焙烤。最早時候的犁——今陶鍋的前身，只不過是一塊平鐵板，不能盛裝煮汁，因此需要先將肉以溜醬油醃入味或刷上溜醬油——現在某些日式料理店仍使用這種技巧。漸漸地，日式清酒和味醂也拿來加入醃料當中，各式蔬菜和烤豆腐也會跟肉一起焙烤，但傳統的平犁或圓烤盤無法留住豐富食材所流出來的湯汁，因而必須尋找新容器來做這道料理。就在此時，在犁上焙烤野味的傳統與新興傳入的桌袱料理結合了——桌袱料理是始於三百年前的一種牛肉鍋料理，是在日本第一次與西方商人和傳教士接觸後傳入的。

在國際港市長崎創造出來的桌袱料理，據說擁有荷蘭、葡萄牙、中國和韓國的歷史烹飪根基。經過這樣的結合，壽喜燒開始改用厚重的鐵鍋或韓式石頭鍋來烹調食材，而這道菜也被當作是在餐桌上烹調而成的「一鍋料理」食用。這使得「壽喜燒」成了錯誤的菜名，因為如今它已經不是焙烤菜，也不是在犁上烹調的了，然而，新式壽喜燒也不算是真正的鍋料理，因為它的材料並沒有在調味過的高湯中燉煮過。

更恰當地說，壽喜燒這個獨特的日式創作料理介於三個類別之間：它是一種焙烤菜，因為肉是先放在熱騰騰的鐵板上烹調；它也是一道鍋料理，因為它是在餐桌上料理而成的「一鍋料理」；它同時又是燉菜（煮物），因為在某種程度上，肉和蔬菜是一起在日式醬油、日式清酒和日式高湯的濃郁混合汁中烹煮而成的。

在西方人踏入日本以前，日本人從未明顯考慮用牛肉或其他家畜的肉在壽喜燒裡。根據一個著名的古老傳說，廚房火爐之神——竈神（註：信越地方稱釜神、東北地區稱火男）——指示日本人不要食用所有四腿動物的肉，尤其是家畜。後來，因為國家的君主和主張素食的佛教思想的關係，更是加深了這個告誡，因此，在西元八世紀到十九世紀的一千二百年間，大部分的日本人是很少食用肉類的。

十六世紀，隨著基督教傳入，以及一般民眾發現傳教士認為肉是飲食當中很重要的一部分之後，一些日本人（尤其是基督教信徒們）開始認識到肉的滋味。不過，隨著十六世紀後期日本將基督教逐出國門，牛肉又跟著被禁食了，因此，壽喜燒再度只用海鮮、野味或家禽作為食材。因此，那些渴望吃烤肉卻不被允許使用家中鍋子或不敢在守規矩者面前煮肉的人們，在迫不得以之下，便開始用傳統方法來製作壽喜燒，以水壺取代犁和

使用烤豆腐的農村式壽喜燒。

鶴嘴鉤，在穀倉、農田或森林裡祕密地獨享被禁止的美味佳餚。據說，這個「地下壽喜燒」的傳統一直持續到西元一九〇〇年左右。

十九世紀中期，隨著日本對西方世界的開放與傳統禁忌的解放，食肉在城市裡逐漸變成一種時尚，雖然多數日本人在首次品嚐牛肉時都有些惶恐——他們被僧人和傳統主義者警告，這種行為對祖先是種冒犯，會有可怕的後果降臨在他們身上——不過，牛肉壽喜燒還是漸漸地被大眾接受了。

## 豆腐的介紹人

首先鼓起勇氣實際品嚐牛肉的日本人，並非將牛肉烹調成西式的牛排或烤牛肉，而是將牛肉切成像紙一樣的薄片，採用他們幾世紀以來用於刺身（生魚片）的方法來處理牛肉，並用日式醬油來調味，如同他們將日式醬油用於燉蔬菜或豆腐菜餚一樣。

許多日本人可能是透過壽喜燒第一次品嚐到牛肉的，全國各地也很快地發展出各自獨特的食用方式。直到今日，京都一帶的餐廳會放著日式醬油、味醂和糖讓客人自己調味食物，而東京的餐廳則發展出他們獨特的材料混合方式，藉此製作出標準的烹調湯汁。

如今，全世界各地的人都會將壽喜燒與高級日式料理聯想在一起，就某種意義來說，這有一點諷刺，因為在正統的日式料理中，所使用的肉類相當少，更何況，壽喜燒這道料理受到西方的影響其實更多。但不論如何，古時獵人的珍饈結合外國傳入的鍋料理，如今，壽喜燒已經成了日本最有名的國際菜餚之一。雖然豆腐在賦予這道菜的風味上所扮演的角色不足輕重，但壽喜燒卻成為數以千計的西方人第一次品嚐到「豆腐」的媒介。

# 自製烤豆腐

烤豆腐可以快速且簡單地在家製作，首先得先準備豆腐。

如果是使用結實的中式木棉豆腐，那麼不需要額外的處理工夫就可拿來燒烤；市售的一般豆腐則需要在串籤之前，先放在布或竹簾卷間經過徹底地擠壓，但如果你趕時間或比較喜歡柔軟一點的質感，也可以不擠壓，直接用電烤爐焙烤。

如果你想用自製豆腐來製作烤豆腐，我們比較建議使用鹽鹵類的凝固劑，迅速且粗略地將凝乳舀進成形容器裡，並用相當重的重物擠壓，重壓的時間要比平常長一段時間。最後，將完成的豆腐切成五公分厚的方塊，置於布或竹簾卷間再擠壓一次（見第155～157頁）。

接下來，就要開始烤豆腐了。在開始之前，你得先決定是否要將豆腐串起，其次則要考慮熱源的種類，炭火或柴火都能烤出最佳的風味。

## 串烤豆腐

1 **炭火爐**：使用一支尖端分叉的鐵籤、兩根鐵製的烤肉串籤、兩支用（鹽）水浸泡過的竹籤，或是叉尖長過豆腐的大叉子，串好一塊三百六十克擠壓過的豆腐。在炭火爐上放兩根平行的棒條，以支撐串籤的兩端，分別將豆

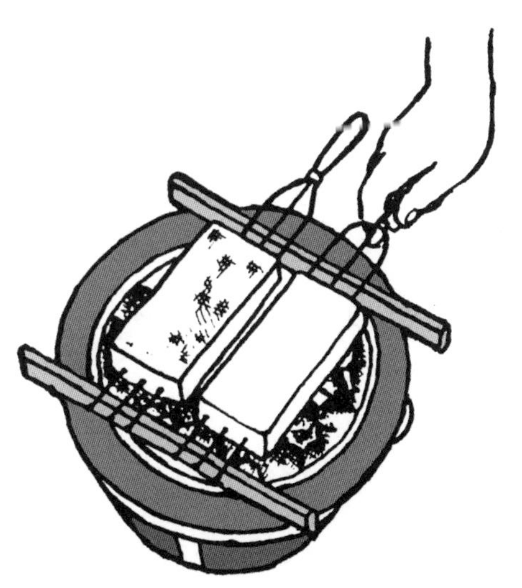

用炭火烤豆腐。

腐的兩面燒烤十五至三十秒，或是直到豆腐呈褐色為止。

2 **地爐式火爐或營火（插入串籤式）**：將二．五公分寬的竹子或木條的兩端削成三十至四十五公分長的串籤，將豆腐串在其中一端之後，把籤尾垂直插進靠近炭火的灰燼或泥土內，讓豆腐稍微靠向炭火，每面豆腐烤一至二分鐘就可以了。

3 **直火或灶爐火口（棉花糖式）**：用一支長鐵叉或有叉的枝條串著豆腐，直接握在手上並拿到火焰上或炭火上兩面烤至褐色。

地爐式火爐烤豆腐。

## 無籤燒烤

1 **電烤爐**：將三百六十克擠壓過的豆腐（未擠壓過的豆腐亦可）放在塗了少許油的烤盤或鋁箔紙上，每面烤三至五分鐘，直到表面金黃色為止。

2 **BBQ或火爐**：像烤牛排一樣，將充分擠壓過的豆腐放在燒烤架或鐵柵上，當一面烤至金黃色時，用個大抹刀或叉子來翻面。

3 **圓烤盤**：將一個厚重的圓烤盤加熱，塗上少許油，將每塊豆腐的兩面煎至金黃色，用一把鋒利的刀子或抹刀將豆腐翻面——農村式烤豆腐就是用這個方法製成。

# 食用或保存烤豆腐

通常來說，在烤豆腐剛烤好、仍熱燙且散發香味時食用，能嚐到烤豆腐最美味的風味，但如果你想將自製烤豆腐留下來供日後料理使用，請立即將剛離火仍熱燙著的豆腐丟進一個裝滿（流動）冷水的大容器裡，先徹底冷卻豆腐，然後再放入一個有蓋的容器裡冷藏保存。

如果烤豆腐要存放超過二十四小時以上，那就放在冷水中，蓋上蓋子送入冰箱冷藏。

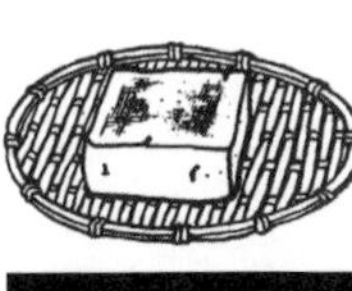

CHAPTER 13

# 凍豆腐

製作凍豆腐的方法，最早是在一千至一千五百年以前左右、中國北方寒冷山區裡發現的，當時的人們注意到，如果將一般豆腐切成一．五公分的厚片，排放在木板或竹簾上，再於雪地裡放隔夜直到變硬，整個豆腐的結構和本質便會經歷巨大的轉變：豆腐裡所含的全部水分——約豆腐總重量的86％都會變成冰，蛋白質和其他固態物會凍結成一個堅固的網狀組織。

當凍豆腐被放入溫水中之後，裡頭的冰會溶化，網狀組織裡只剩下蛋白質和其他固態物，使它看起來就像是一塊米白色、紋理細密的海綿或乾麵包片。

由於水分的流失，凍豆腐變成一種高濃度蛋白質和能量的來源，它就像一塊細緻的海綿，擁有足夠的彈性、吸收力和聚合性，使豆腐在擠壓或烹煮時仍能維持其形狀。凍豆腐柔韌的質地非常吸引人，而且在某幾種烹調方式中，還能產生相當類似嫩肉的質感。凍豆腐有自己獨特的風味，還能在燉煮或煎炒時吸收更多風味，使料理的味道大大提升。

# 一夜凍豆腐

身為一般豆腐轉變而成的新食品，凍豆腐不但創造了許多烹調上的獨特用法，它的出現也讓豆腐可以長時間保存。

一千年前，當凍豆腐在日本出現時，鄉下農家或那些被雪困住的廟宇內的僧侶們便能大量製作豆腐，並將沒有吃完的豆腐冷凍起來，如此一來，只要還有剩豆腐，只要冰雪沒有融化，他們都能每天食用豆腐。在一些偏遠沒有豆腐店的地區裡，這種方法也能省下每隔幾天就得製作少量新鮮豆腐時所需的時間及燃料。

冬天的雪山地區很難捕獲到魚類和其他海鮮，因此，凍豆腐便成為日常飲食中一種很受歡迎的食品，很快地在日本各地有了「一夜凍豆腐」的稱號。在過去，幾乎只有在鄉下農家和寺廟裡才看得到凍豆腐，街坊中的豆腐店裡從來不曾販售過。現在，則有不少人會自己在家將新鮮豆腐放在冷凍庫內來自製凍豆腐，一些百貨公司也會在冷凍食品區內販賣小包裝的凍豆腐，六片一・五公分厚的凍豆腐被密封在玻璃紙袋內販售。不過，凍豆腐已不再是日本普遍的市售豆腐商品了，因為大多數的市場裡都能用便宜的價格買到一種時髦又輕巧的乾燥凍豆腐——高野豆腐（見第238頁）。

對於住在西方國家的人們而言，自製一大批豆腐或從店裡購買大量豆腐回來，再將豆腐冷凍起來，是一種確保能快速供應食材的方法。自製凍豆腐會比在店舖內購買到的凍豆腐更美味、成本也比較便宜，但比較不輕巧，紋理也沒有那麼細密。在店舖內購買的凍豆腐普遍含有氯氣、蘇打粉或其他化學藥劑，為的是讓豆腐在烹調過程時膨脹，因此，我們認為還是自製凍豆腐比較天然。

豆腐的水分愈少，凍結的速度就愈快，紋理結構就愈細，其質地也會更加精緻。優質的凍豆腐只需不到十二小時的時間便可製成，並且能立即使用或放入冰箱冷凍，無限期保存。在素食餐點中，凍豆腐是一種非常優質且廉價的「麵筋肉」或「素肉片」替代品。

油豆腐塊和絹豆腐也可以用來製作凍豆腐，前者會產生一種結實像肉一般的質感，後者則能呈現一種細膩精緻的濃纖度。

## 乾燥凍豆腐

話說回來，要將豆腐放在室外冷凍保存有兩大限制：

1凍豆腐只能在保持低於零度的氣溫下，以結凍的形式保存。
2當豆腐從一地運送至另一地時，可說是既沉重又容易融化。

因此，日本人便嘗試將凍豆腐乾燥，製作出可以保存至春天的輕巧日常食品。由於從來沒有中國人有過這種想法，所以乾燥凍豆腐被認為是源自日本。

乾燥凍豆腐有冷凍和風乾這兩個不同的傳統製作方法，分別出現於多雪或多山的地區。

## 高野豆腐

第一個方法的發源地高野山，巍然屹立於日本古都京都南面的一個大柏木林。

日本一位著名佛教宗師——弘法大師，於八一六年在高野山創立了一所修道院，至今仍是密宗教派真言宗的大本營。傳說製作乾燥凍豆腐的方法，最先就是在七百五十年前由真言宗的僧侶所發明。

那些住在高野山上且被雪困住的廟宇中的大師和僧侶們，會選擇一個他們預測夜晚會非常寒冷且有風的日子，來製作凍豆腐，以加速豆腐結凍，讓豆腐具有令人滿意的細密質地。

製作凍豆腐的工作通常是從下午開始。首先，他們會製作大量的結實豆腐，將每塊豆腐切成一．五公分厚的厚片，排放於竹簾或木板上，壓擠出多餘的水分。然後，他們會在凌晨三點左右、氣溫最低時起床，將豆腐擺在竹簾或木板上，放在白天不會受到陽光直接照射的雪地裡頭。

隔天早上，當豆腐厚片在雪裡頭待了八個小時後，僧侶們便將豆腐放進一個特別為凍豆腐搭建的棚屋裡，將它們整齊地排放於架上。在不受陽光直接照射的情況下，讓豆腐在零度以下的溫度中放置一至三個星期左右。在這第二次的冷凍過程中，豆腐會產生一種更細密且結實的質地，並且變得更有彈性。

接下來，便是把冷凍豆腐放入溫水中解凍，並將融解中的冰輕輕地擠壓出來，然後像三溫暖一般，使用一個大炭火盆將整座棚屋加熱，讓每片豆腐烘乾，直到凍豆腐變成米白色、像乾麵包片般堅硬酥脆。如果將乾燥的凍豆腐存放於涼爽處，可以保存至雪融後的四個月左右。

後來，農村地區的人們從僧侶們那兒學會了這種技術，並在山村裡搭建了許多大型的冷凍和烘乾棚屋，於是，高野豆腐開始很快地在嚴峻的月份裡被大量生產，並作為社區裡人們冬季的工作和主要收入來源。甚至在有些地區，他們在寒冷的日子裡會動員整村的人，一起幫忙冷凍及烘乾豆腐。

到了江戶時代（一六〇〇至一八六八年），高野豆腐已經傳遍全日本，一九一一年時，人們便開始以人工冷凍的方式更大量地生產製作高野豆腐。

## 長野的脫水凍豆腐

第二種傳統的乾燥凍豆腐作法，始於四百年前、東京北面長野地區的高山上，當時一位著名的武士武田信玄認為：若將凍豆腐脫水，士卒便可隨身攜帶這種輕巧又營養的食物，於是士卒學會製作這種豆腐，並將方法教給當地的農夫。

充分擠壓過的豆腐放在雪中冷凍隔夜後，便會用草席包裹起來，擺放在陰涼的穀倉或工具棚裡，在低於零度的氣溫中靜置約一個星期左右，再以幾根稻桿將五片豆腐綑綁在一起，然後一綑綑地懸掛在沒有陽光直射的農舍房簷下，經過幾週的白天融化、晚上又結凍，豆腐會開始變得完全乾燥且酥脆。

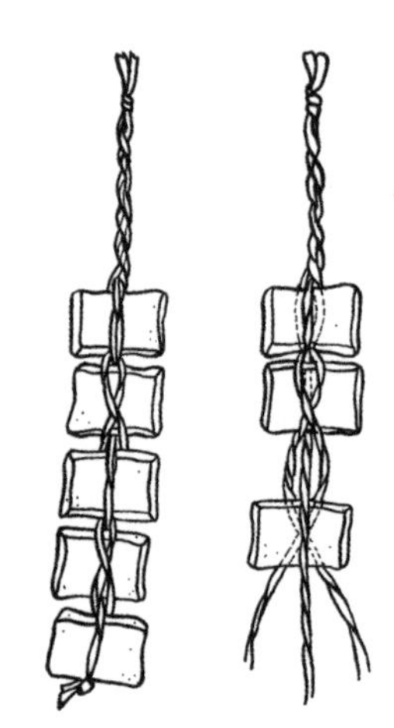

長野的脫水凍豆腐。

這種乾燥凍豆腐，不像高野豆腐那樣需要特殊的棚屋和工具，製程比較簡單，成本也較便宜，因此適合、也大多是個體戶農人少量生產。農民可以將這些輕巧的乾燥凍豆腐放在背包裡，挨家挨戶的兜售，成為他們冬季主要的收入來源。

一直到現在，我們仍然能在長野地區見到一串串用稻桿包裹著的豆腐，懸掛在農舍的走廊以及廟宇的屋簷下。

風乾農家凍豆腐。

## 現代化生產乾燥凍豆腐

現在的乾燥凍豆腐，則是由大型自動化工廠全年無休生產的（大部分仍位於長野地區），由於這種豆腐不易腐爛也不易弄碎，所以十分適合集中化大量生產並運送至全國和全球各地。

如果販賣時用玻璃紙袋保持密封，乾燥凍豆腐在貨架上的壽命——在較冷的月份時可達六到八個月，較暖的月份也可以保存四到六個月之久。每包豆腐的包裝上都印有製造日期並鼓勵消費者儘早使用，乾燥凍豆腐如果存放得太久，會失去其柔軟度、新鮮度、膨脹力和吸收煮汁的能力。

一九二八年時，人們發現，解凍的豆腐在未乾前就浸泡於蘇打溶液中的話，凍豆腐在烹調時就會膨脹，而且比傳統乾燥凍豆腐更為柔軟、更有吸收煮汁的能力。一九二九年，人們又發現，徹底乾透的豆腐在滲入氯氣後，會更加柔軟而且比含蘇打粉的豆腐膨脹得更大，而且只要在烹調前先用熱水泡開豆腐，阿摩尼亞的臭味和味道便會完全消失。現在，最大的乾燥凍豆腐工廠僱有二百五十個員工，每日要使用超過二十三公噸的黃豆。製作的材料有黃豆原粒、優質好水、氯化鈣鹽鹵凝固劑，以及結束時所加入的氯氣。

豆腐是在連續的生產線上製作出來的，由開始到完成約需要二十五日，其基本技巧本質上與七百五十年前製作高野豆腐時無異：第一個步驟是在一個寒冷的冷藏室裡冷凍，裡頭有由巨形風扇吹出的強風，接著將結凍的豆腐存放在冰藏庫裡二十日。然後，豆腐被放在一條寬輸送帶上，被噴灑下來的霧狀溫水所融化並在沉重的滾筒間擠壓，再於一條九十一．五公尺長的烘乾隧道裡烘乾。最後，在一個大真空管裡被注入氯氣的豆腐，用真空玻璃紙袋一次將五至十塊豆腐密封包裝在小紙盒裡，打上日期後，運送至日本各地。

少部分豆腐會被切成一．五公分的小方塊，用來作為湯品的小麵包丁，或是磨碎用於焗烤或煎炒的菜色中。當然，仍有些大型工廠有在製作用稻桿綁起來的乾燥豆腐串，但主要是作為販售給觀光客的名產。

現代的乾燥凍豆腐，與傳統的凍豆腐、自製凍豆腐皆有所不同，它有一種精緻、結實的紋理結構、更柔軟且更具吸收力，用水泡開時，會膨脹約26％，那些未含氧氣的凍豆腐只能膨脹7％。乾燥凍豆腐本身的風味保留得相當少，它被使用的原因大多是由於它的質地及吸收高湯和醬汁的能力。

## 活力泉源

乾燥凍豆腐亦被視為是一種營養的濃縮來源，它含有53.4％的蛋白質、26.4％的天然油，而且只有7％的碳水化合物和10％的水分。作為一種補充活力的優質來源，每一百克的乾燥凍豆腐可以提供四百三十五大卡的熱量，其所含的蛋白質和能量，比相同份量的普通豆腐多出了七倍。

在日本，乾燥凍豆腐被推崇是所有食品中提供蛋白質百分比含量最高且最便宜的活力食品，大規模的量產使乾燥凍豆腐能以小店一般豆腐成本的96％（根據可用蛋白質）來生產。低廉的成本是乾燥凍豆腐愈來愈受歡迎的主要原因之一，加上在常溫下仍可以保存良好，讓它成為一種非常適合於發展中國家，如印度、非州和南美地區的食品。

在日本，一盒十片裝的乾燥凍豆腐（每塊約六．四╳五╳一．六公分厚）只有一百六十五克重，約只有含有相等份量蛋白質之新鮮豆腐的六分之一。因為輕巧且易於保存，乾燥凍豆腐成了理想的背包食物。

現在，西方也可以買到這種乾燥凍豆腐，而且價格遠低於大部分經過冷凍乾燥的露營食品。因為具有多種用途且只需要幾分鐘的烹調時間，乾燥凍豆腐十分適合用於各式不同的西方菜色中，我們覺得，乾燥凍豆腐比一般豆腐更適用於幾道煎炒菜餚、蛋料理和砂鍋料理中。早期在日本的一些試驗顯示，乾燥凍豆腐在調味後可以與肉類非常類似，因此在用法上與結構性黃豆蛋白（見第107頁）有許多相同之處。

在日式料理中，乾燥凍豆腐常用於鍋料理、壽喜燒、燉煮、煎炒的菜餚和壽司飯裡。此外，適當地調味一下，沾些天婦羅麵糊或蛋液，並滾上麵包粉後油炸，便可製成美味的豆腐排。在豆腐仍乾燥時，它可以被磨碎並加入任何料理中，同時，它也是禪寺料理（精進料理）中一種非常普遍的食材。

如今在美國，大多數的日系市場或合作社裡，都可以用很合理的價格購買到乾燥凍豆腐，但它其實也可以很容易地在家中自己製作。

## 自製凍豆腐

雖然通常都是以一般豆腐作為製作凍豆腐的材料，但也可以使用絹豆腐和一整塊油豆腐塊來製作——經過冷凍後，後者會產生一種類似肉類的柔軟質感。如果要使用自製豆腐（見第138頁），在成形的步驟中，請用重物擠壓成形容器一段長時間，讓豆腐儘可能地結實些。

**材料**

豆腐（橫切成半）……………………300～350克

**做法**

1將豆腐以間隔一公分的距離排放在盤子上後，放進冷凍庫裡，並將溫度儘可能調低（或是在非常寒冷的冬天夜裡將豆腐排放在室外）。

2冷凍後的豆腐，顏色會從白色變成淡琥珀色，在經過四十八小時後就會徹底轉變並且可以用來烹調。但如果要使豆腐有最具滲透性與彈性的質感，那就需要冷凍一星期以上。

3如果沒有要立刻使用豆腐烹調，可以將豆腐用防潮塑膠袋密封起來，放進冰箱內冷凍，長時間保存其實會讓它的質地更好。

### 百變凍豆腐

*假使豆腐很軟且較無彈性，那就只冷凍二十四小時。這樣的凍豆腐可以用來加入湯類和燉菜中。

*假使豆腐結構有著細密的紋理，且與市售的乾燥凍豆腐類似，可以先擠壓豆腐，然後橫切成一公分的厚片（若想讓豆腐的紋理更細密，可用第156頁的豆腐切片擠壓法來稍微擠壓），再將豆腐放在多空隙的地方——例如竹簾或竹簍上，或是在大盤子、托盤上。每塊豆腐之間都要留一公分的距離，然後按基本烹調法中的方式來冷凍。

## 自製乾燥凍豆腐

有關高野豆腐的傳統製法請參考第238頁。在冬季，我們可利用上述的方法製作出令人滿意的豆腐，無需特別的工具，而一批五百七十克的豆腐，大約一星期後就製好並徹底乾燥了。如果你想在任何季節自製露營或旅遊時食用的乾燥凍豆腐，可試試下列方法。

**材料**

（自製）凍豆腐……………10～20塊

**做法**

1 將凍豆腐用水泡開，並橫切成〇．五公分薄片。
2 烤箱預熱至攝氏八十度，將稍微濕潤的凍豆腐薄片排放在大烤盤上，豆腐和豆腐之間間隔一公分。
3 放進烤箱烤二小時或直到豆腐顏色從琥珀色轉變成米白色、變得酥脆且乾爽。取出豆腐並放置於一旁待涼，用聚乙烯袋密封起來，放在陰涼乾爽的地方存放。請在一至三個月之內使用。

## 處理凍豆腐

一般在食譜中，「一塊凍豆腐」是指將一百四十或一百七十克的豆腐製成自製凍豆腐，或是指一塊冷凍好並在市面上販售的等重一般豆腐。「一塊乾燥凍豆腐」則是指一塊十六．五克市面上販售的種類，其大小約六．五×五×一．三公分，在許多食譜中，這兩個意思是可以交替使用的。

### 泡開凍豆腐和乾燥凍豆腐

**凍豆腐（或自然乾燥的凍豆腐）**

1 從冷凍庫中取出凍豆腐，放在一個大平底鍋內或碗裡，加入幾公升的滾水，蓋上蓋子後，靜置五至十分鐘，直到完全解凍（如果最初是將一大塊豆腐冷凍，可在稍微解凍後切成一公分的厚片來加速解凍）。

2倒出熱水，再加進微溫的水或冷水，將豆腐放在掌心中，用雙掌輕輕卻使力地擠壓出豆腐裡的所有熱水；使用之前將豆腐取出水面，用力擠壓，可使豆腐變輕爽和乾燥，讓豆腐在烹調時很容易吸收湯汁。

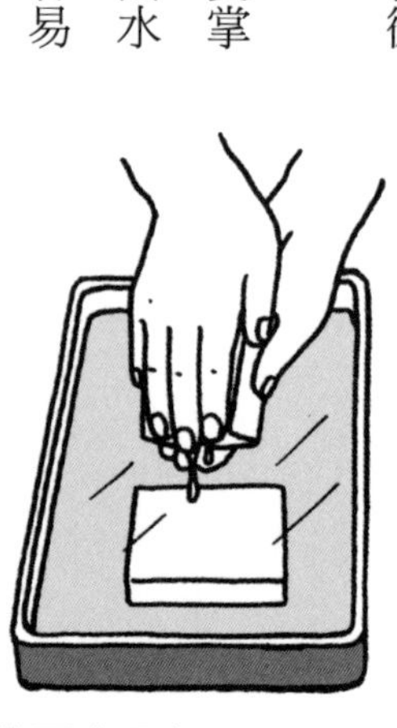
擠壓凍豆腐。

**乾燥凍豆腐（含氯氣或蘇打粉）**

打開包裝時，氯氣的味道愈濃，就表示豆腐愈新鮮。用水泡開乾燥凍豆腐，刺鼻的氯氣味會消失，而當豆腐膨脹時，會變得柔軟又很會吸水。

1從真空包裝袋裡取出乾燥的凍豆腐，放在一個平底鍋內或碗裡，加入剛好能夠蓋住豆腐的熱水（水溫攝氏八十度熱水，請勿直接將水倒在豆腐上），蓋上蓋子後，靜置三至五分鐘讓豆腐膨脹。泡豆腐的時間不宜太久，以免豆腐散開。接著，將熱水倒掉，並用微溫或冷水將豆腐蓋住。

2將豆腐放在手掌間，在水中輕柔但用力地擠壓豆腐好幾次，以擠出熱水和乳狀的阿摩尼亞殘餘物，然後將浸泡的水倒掉，再注入新鮮的水，重複擠壓和倒水的步驟兩次，或是直到擠壓出來的水不再呈乳白色。

3最後，將豆腐取出，使用前再用力擠壓一次。

### 豆腐師傅的私藏祕訣

有些日本廚師堅持乾燥凍豆腐應該要放在冷水裡五至十分鐘，並在乾淨的冷水裡不斷擠壓，直到乳白色的液體不再流出。據說這個方法可以製作出更柔軟的質感，而且能避免豆腐在長時間燉煮時碎開。

**碎乾燥凍豆腐**

1將乾燥凍豆腐用金屬研磨器（刨刀）磨碎時，會產生一種粒狀的精緻質感，將磨碎的乾燥凍豆腐放在碗裡，加入攝氏八十度的熱水，蓋上蓋子並浸泡兩分鐘。

2將之倒進鋪了布的篩網，瀝乾後，壓榨或擠壓出多餘的水分；用冷水沖洗兩次，每次清洗後都壓榨，最後一次時，請儘可能用力壓榨出所有的水分。

## 保存及烹調

夏天時，買來的乾燥凍豆腐最好在四個月之內用完，冬天則是在六個月內用完。不過，一旦開封了，請儘可能及早用完所有豆腐，最好是在幾天以內，這樣可以避免豆腐失去其膨脹及變鬆軟的作用。沒有用完的豆腐，應立刻用一個防潮塑膠袋裝起來，並用橡皮筋綁緊。

當新鮮的凍豆腐燉煮得太久或火候太大時，豆腐會開始碎開；若使用太多醬油，豆腐會稍微縮水並且變得有點太硬。

CHAPTER 14

# 豆皮

如果你曾經用小火慢慢地煮一鍋牛奶或將一杯熱牛奶放置一旁待涼，相信一定會注意到，有一層細緻的薄膜在牛奶表面很快地形成，待涼的時間愈長，薄膜會變得愈厚。如果你曾經試著將這層薄膜挑起來品嚐，會發現這層薄膜非常柔軟、溫熱且美味。同樣地，在將相當濃郁的豆漿慢慢煮熱的過程中，豆漿的表面會很快地覆蓋上一層薄膜。在日本，這層薄膜叫做「湯葉」，也就是豆皮，自遠古時代起便被認為是一種珍饈。

在家中自製豆皮其實很容易，而且新鮮溫熱的豆皮是最美味的。在家中製作好並拿來當作開胃小菜或正式菜餚的豆皮，具有的柔細質感和濃郁芳香，遠勝於在最好的傳統店鋪內所購買到的豆皮。

## 貴族般的營養祕物

市售的豆皮通常是乾燥的，是一種營養的貴重珍饌。由於含有多達52.3%的優質蛋白質，使它成為人們所知最豐富的天然蛋白質來源之一。豆皮容易消化，還含有24.1%的天然油（多元不飽和脂肪）、11.9%的天然葡萄糖，以及僅僅8.7%的水分（乾燥狀豆皮）——非常輕巧且容易攜帶。

此外，一份一百公克的豆皮含有四百三十大卡的熱量，如此高度濃縮的活力來源，讓它成為露營時的最佳食品。最後，豆皮還含有豐富的礦物質，例如鈣質和鐵質——絕佳的營養成分，讓豆皮成為日本天然食品店裡最受歡迎的商品之一。我們建議產前與產後的婦女食用豆皮，據說能刺激母奶的分泌。日本的醫院常用豆皮來作為濃縮的蛋白質來源，醫生也推薦高血壓和糖尿病患者食用豆皮——據說有益於降低膽固醇。

儘管豆皮含有豐富的營養成分，但人們喜愛它主要還是因為其獨特的味道和口感。日本人聲稱，豆皮天然的甜味和微妙的濃郁感，令他們想起新鮮的鮮奶油。豆皮在豆漿表面形成，同時吸收了豆漿風味及營養中的濃縮精華。要品嚐豆皮的美好風味，最受歡迎也最簡單的吃法是，用指尖取起熱氣騰騰的豆漿表層上半凝結的豆皮，放進一個小碗中，滴幾滴日式醬油，立刻食用——柔軟溫熱的豆皮會在舌頭上溶化掉。

新鮮的豆皮，看起來很像是半透明的淡黃色絲質面紗，通常是以單片的方式販售，一片約為三十八×四十三公分。豆皮乾燥後會變成米白色，並具有酥脆易碎的質地，泡水或加入湯品、高湯、蛋類或其他類似料理中，會立刻變軟。在日本，油炸烹調成開胃小菜的乾燥豆皮非常受歡迎，它會變得像洋芋片般酥脆。

製作豆皮的技巧約在一千年前由中國傳進日本，經過幾世紀，豆皮成為禪寺料理（精進料理）和茶道料理（懷石料理）中一種不可缺少的食材。直到今天，在供應這兩種美味高級菜餚的餐廳裡，一份典型的六道膳食中，通常會有一半以上的菜餚裡含有豆皮。在以豆皮料理為主的高級餐廳——巢林庵裡，則有逾十五種以自製新鮮豆皮為特色的菜餚（註：巢林庵本店在巢林寺內，另有桂東店，巢林庵還有自己的工房——巢林庵湯葉工房，見第297頁）；同樣地，許多中餐廳的菜單上通常都會有一整欄專門是以豆皮類為主的菜餚。

在日本，豆皮一直以來都被當作精緻美食，它是古都京都的一種特別產物，全國的豆皮店大多仍位於京都，藉由它跟皇室有地緣之便而漸漸獲得其貴族般的、精巧極致的和優美典雅的光環。由於豆皮是以一種緩慢的傳統方法來少量生產的，因此，日本多數的豆皮都相當昂貴。

在臺灣、中國和香港，豆皮卻是一般人都可買得起的普遍食品，在這些地方，大部分的豆皮同樣是由小型的家庭手工店鋪所製造，但也發展出現代化大量生產高品質豆皮的方式，如今，這種乾燥的豆皮在全世界各地已都買得到。

## 夢幻現身舞臺

嚴格來說，豆皮不算是豆腐的一種，也不在鄰近的豆腐店裡製造或販售，但多數日本食品和相關書籍都將豆皮與豆腐歸為一類，這是因為它們都是由豆漿製成的。由於豆皮的歷史及風味都和豆腐很類似，因此，它們也運用於許多同樣類型的料理中。

豆皮店和豆腐店有許多相同之處，儘管豆皮只在特殊的店鋪裡製作好來販售，但街坊的豆腐店鋪內，每天總是不經意地製作出少量的豆皮，因為他們會趁豆漿在木桶內冷卻但尚未凝結成凝乳時將豆皮挑出，以防止它跑進豆腐裡面形成一個界面，造成一個讓豆腐破掉的大缺口。

豆腐師傅和家人並非立刻就吃掉新鮮的豆皮，反而大多將其當作一份特製點心請顧客或訪客享用，或是將其置於一旁晾乾，留到日後再用於烹調中。

基本上，幾乎所有的日本豆皮店都是家庭式經營，他們的住所比鄰著店鋪。在京都的二十三家豆皮店裡，有許多店家都已經有好幾世紀的歷史，例如「湯波半老舗」，就是經典的京都式建築，這座建築已有一百二十年的歷史，在六公尺高的天花板下有個巨型的橡木拱形。你可以在這裡找到所有如今仍在使用之古代製作豆皮的工具：大花崗岩石磨、柴火加熱的大鐵鍋，以及使用花崗岩來增加重量的槓桿式壓榨機。「湯葉長（ゆば長）」則是由一位在店裡製作豆皮五十年的師傅及其二子共同經營，這位常掛著笑容的老者是一個活國寶，專門為皇室製作豆皮（註：老爺爺是創辦人，目前已是第三代主掌）。

在大部分的豆皮店裡，豆皮是在一個底下有堅固磚臺支撐著的大型銅製或不鏽鋼製蒸盤裡製作而成，一個蒸汽臺桌約有二．四至三公尺長、〇．九公尺寬，大多數的店至少有兩個這樣的臺子。

濃豆漿被注入到約四公分深的蒸盤裡，每個蒸盤會用可拆除的木板隔成數個矩形隔間；豆漿由底部的蒸汽或小火來加熱，直到豆漿冒著熱氣但沒有冒泡（約攝氏八十度）。

五至七分鐘後，在每個隔間裡的豆漿表面均會有一層薄膜形成。此時，師傅會巡視一下，用六十公分長的竹籤將薄膜取出，然後將掛著豆皮薄膜的竹籤懸在蒸汽臺上的架子上，讓豆皮瀝乾並變乾燥。

一大清早到京都的豆皮店參觀工匠的工作，是一個令人難忘的經驗。陽光由高處的窗戶灑進來，透過從熱豆漿上升的蒸氣，在空中形成一條細小的彩虹，溫和的光芒灑落在半透明豆皮上，使豆皮微微散發出白色的光亮，四處則散佈著新鮮豆漿和燻煙的芬芳香氣。有時候，整間店會突然變得十分超現實，這個近乎虛構的景

豆皮店裡的蒸氣臺。

象有如一個無聲的世界，半透明的身影沿著冒著蒸汽的白池子慢慢移動，數百張淡白色豆皮片片湧現並盤旋於濃濃的薄霧中，就像夢幻騎士長矛上的絲質旗幟一樣飄動。當氣溫升高或太陽升起，這視覺的幻象亦隨之迅速消失，只留下這個失去魔幻的世界給我們。

## 豆皮三大類型

豆皮一般是在新鮮、半乾燥和乾燥三種不同的狀態下出售。

第一片從熱豆漿裡挑出來的豆皮是最優質的，它的顏色是乳白色的，味道清淡柔和並且帶有少許甜味，其口感紮實，就算乾燥後仍然相當柔軟且具有彈性。當大約一半的豆皮被取走之後，剩下的豆皮會開始帶有淡淡的淺紅色和較甜的滋味，這種豆皮的內在凝聚性較差，乾燥後很容易撕開並變得有些易碎，因此被視為次等。

做好後立即享用的新鮮豆皮（日文作「生湯葉」）是最美味的，但也極易腐壞——新鮮豆皮置於冰箱冷藏，在夏天也只能保存二至四日（冬天則是三至五日）。為防止發霉，它必需在乾燥的地方密封保存。在豆皮店裡，豆皮可以在充滿濕氣的蒸氣臺上瀝乾並烘乾，放入密封的塑膠袋中，再裝在一個像紙一般薄的木片盒裡，一盒五片，然後迅速地放在乾冰上運到高級的料理店及日式旅館。

半乾燥豆皮（日文作「生乾き湯葉」或「半乾き湯葉」）比新鮮豆皮保持得久，但不及乾燥豆皮，它通常是將竹籤放在蒸盤裡豆皮正中間的下面，然後挑起來，使每片豆皮掛在竹籤上且兩邊黏在一起，這樣產生的半片大小的豆皮有雙倍的厚度和堅固的外層。

等到豆皮夠乾不再濕潤但又未到易碎的程度時，將它從竹籤上切下來，再以密封的塑膠袋包裝起來並用一般普通冰塊或乾冰保存，半乾燥豆皮大部分都是餐廳在使用。

乾燥豆皮（日文作「乾燥湯葉」或「干し湯葉」）是日本販賣的三種豆皮類型中最普遍的一種，五種常見乾燥豆皮有：平豆皮（見第254頁）、長豆皮卷（見第254頁）、小豆皮卷（見第254頁）、大螺旋豆皮（見第254頁）和大原木豆皮（見第255頁）。

徹底乾燥的豆皮需保存在陰涼處，要注意有密封好，以防止濕氣進入。保存期限大約四至六個月，不過，由於豆皮的味道會隨著時間而消逝，我們建議儘快食用為佳。

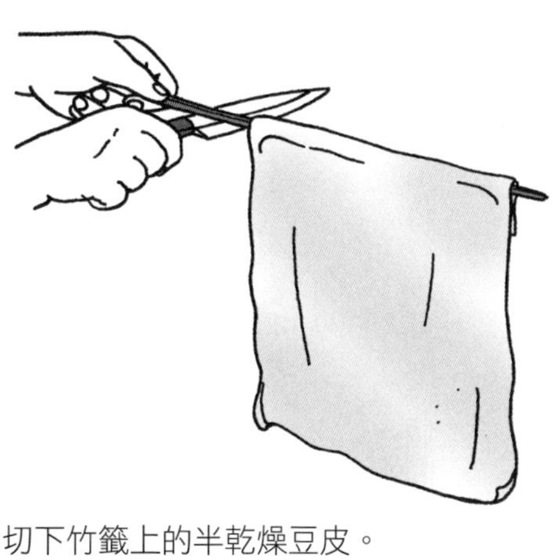

那些卷狀或折起來的豆皮，通常是在半乾燥並仍柔軟時製作而成的，接著便被徹底烘乾。除非有註明是新鮮或乾燥的，否則所有市售的豆皮都是乾燥的。

如今在美國，大部分的中式乾貨店都買得到兩種中式乾燥豆皮：乾豆皮片（DriedBeanCurd，Bean Curd Sheets 或 Bean Curd Skin），以及U字形的豆皮卷（Bamboo Yuba 或 Bean Curd Sticks），至於五種日式乾燥豆皮（平豆皮、長豆皮卷、小豆皮卷、大螺旋豆皮和大原木豆皮），則可以在某些日系超市和天然食物店裡買到。

美國並沒有豆皮店，也沒有任何市售新鮮豆皮的來源，但在家中製作新鮮豆皮很容易，並且通常在製作豆漿時就可以品嚐到它精緻的風味，因為在那時候豆皮會自動形成。

切下竹籤上的半乾燥豆皮。

## 各式各樣的豆皮

1 **新鮮豆皮片**（生湯葉）：一般豆皮片為三十・五至三十八公分寬、三十五・五至四十三公分長；如果你的料理需要大片的新鮮豆皮，最好使用尺寸較大的豆皮片。每張豆皮重約二十三克，新鮮的豆皮片像布料般有微微的褶皺，並掛在一根根竹籤瀝乾後包裝起來，這種豆皮稱為「引上豆皮」（日文作「引き上げ湯葉」）。

2 **平豆皮**（平湯葉或平ら湯葉）：這種乾燥豆皮是由新鮮豆皮所製成的，通常在烘乾前會折成三分之一長，有時候，會在豆漿裡添加黃色食物色素製成黃豆皮片，壽司店常拿它來作為淋或放在食物上面的鮮豔配料。

3 **新鮮豆皮卷**（巻き湯葉或生小巻湯葉）：新鮮長豆皮卷長約四十・五公分、直徑約二・五公分，是將一片新鮮豆皮或甜豆皮縱向折成一半，再連同新鮮豆皮切邊鋪在第二片新鮮豆皮上，然後再將第二片豆皮縱向捲起來；至於新鮮小豆皮卷則是將這條長豆皮卷切成四公分長。

4 **長豆皮卷**（小巻湯葉）：直徑約二・五公分，長約三十八公分的長豆皮卷是將新鮮豆皮切邊後，用好幾張新鮮豆皮片捲製而成。當部分豆皮變乾後，用另一張豆皮捲好再烘乾，然後修齊兩端即可。

5 **小豆皮卷**（切り小巻湯葉）：將長豆皮卷切成四至五公分長，通常會用於淡湯、一鍋料理或煎炒的蔬菜中。

6 **豆皮結**（結び湯葉）：由一片新鮮一般豆皮或黃豆皮製成，寬約一・三公分，將豆皮打成一個簡單的結，用於淡湯中。

7 **大螺旋豆皮**（大巻湯葉、太巻湯葉、渦巻湯葉）：製作大螺旋豆皮時，將大約四十片半乾燥豆皮捲成直徑四至五公分長的長圓柱，再用一片新鮮豆皮將之裹好，烘乾至酥脆，然後橫切成一・三至二・五公分厚的圓盤狀。大螺旋豆皮一般用於淡湯、一鍋料理和調味好的高湯裡。

8 **銀杏葉豆皮**：用餅乾切割器將新鮮黃豆皮或一般新鮮豆皮切割而製成的乾燥豆皮，它們與直徑七・五公分的銀杏葉很類似，用來加入淡湯中或放在壽司上面作為裝飾。

9 **大原木豆皮**（大原木湯葉）：這種稍為壓扁的豆皮卷，是用一薄片的昆布束著的，大約有六・五公分長、五公分寬及二公分厚，它是用一片新鮮豆皮將一片半乾燥豆皮鬆鬆地捲起，再用五條昆布將桶圓

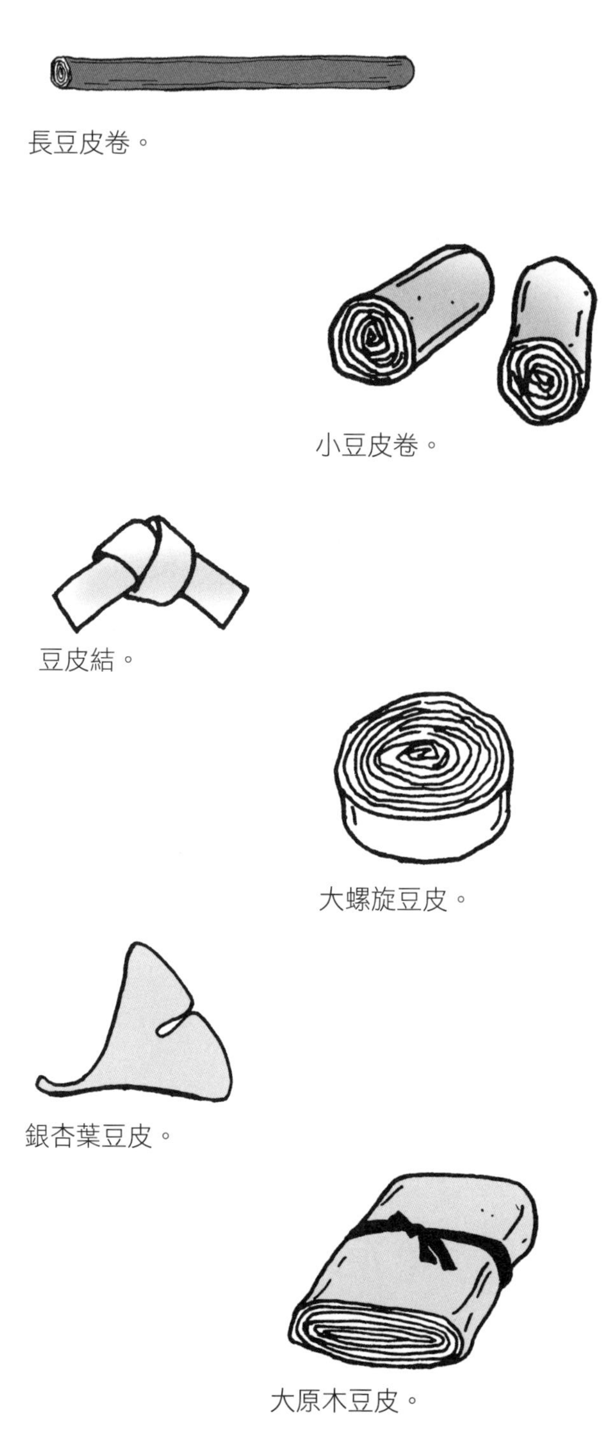

長豆皮卷。

小豆皮卷。

豆皮結。

大螺旋豆皮。

銀杏葉豆皮。

大原木豆皮。

形的豆皮卷綁好，橫切成五份，其名衍生自京都附近的大原村，該村的婦女因以頭頂著一大個用繩索捆起的木柴而出名。

10 **甜豆皮**（甘湯葉）：這是從蒸盤底取出的最後一片豆皮片（通常有部分刮破），擁有濃郁的甜味和少許紅色，較其他豆皮厚但卻不及它們美味，其四邊經常凹凸不平。在豆皮店裡享用新鮮又溫熱的甜豆皮簡直像置身在天堂一般，甜豆皮通常是乾燥的，不同尺寸的一大片豆皮被密封在玻璃紙袋內出售。在所有較為廉價的豆皮中，甜豆皮是最美味的，尤其在油炸過後稍微撒些鹽，就能像洋芋片般食用；乾燥的甜豆皮碎片也可加進湯、蛋或煎炒蔬菜料理中。

11 **新鮮豆皮剪屑**（生湯葉の切れ端）：這些小塊和碎片，是將新鮮的豆皮卷或豆皮片修剪下來後所剩下的東西，非常適合作為其他卷物或小袋料理用的餡料；乾燥後則被稱為豆皮碎片（屑湯葉）。

甜豆皮。

新鮮豆皮剪屑。

豆皮碎片。

12**豆皮碎片**（屑湯葉）：這些豆皮碎片會裝在密封的袋子裡，以非常低的價錢販售；其使用方法就像甜豆皮一般，許多醫院亦有供應豆皮碎片作為優質蛋白質的廉價來原。

13**槽形豆皮**（樋湯葉、とゆ湯葉）：當乾燥的豆皮從竹籤上切下來時，與竹籤上面和側邊接觸的豆皮仍然維持著一個長凹槽狀，貼附著竹籤；在八至十片豆皮塊被切下來後的「槽」約〇・五公分厚，有著八至十層的乾燥豆皮，用刀子撬開竹籤，並將豆皮切成五公分長。槽型豆皮常油炸食用，也有用於壽喜燒、一般鍋物及禪寺料理中。

## 自製新鮮豆皮

製作新鮮豆皮約需一小時的時間，可以在你於廚房做其他工作時同時製作。蒸煮容器可使用瓷盤（約二十三╳三十・五公分）或一個直徑約三十公分的鐵製厚煎鍋，至少要有四公分但不超過八公分深。一次約可製作十二至十四片豆皮，蒸法通常有兩種：

1將蒸煮容器放在架於小火上的燒烤鐵網或有孔的鐵板上。

2使用雙層煮鍋——下面放一個至少裝了一半即將要沸騰的熱水的大鍋，在大鍋上面放一個能與大鍋密合的淺盤，每片豆皮需要七分鐘左右製成，所以你可以同時準備數個蒸煮容器來節省時間。

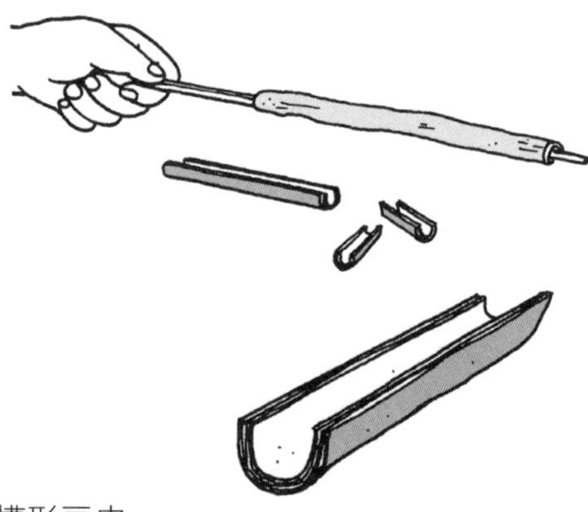

槽形豆皮。

**做法**

1 製作自製豆漿並在蒸煮容器中倒入二・五至四公分深的高度，用抹刀撇掉泡沫，將豆漿加熱至攝氏八十度（冒熱氣但沒有完全起泡），大約等七分鐘，直到一片結實的豆皮薄膜在豆漿表面形成。

2 用刀尖將豆皮薄膜從蒸煮容器的四邊削下，以指尖掀起豆皮薄膜的一邊，然後在豆皮片下插入一枝濕潤的長筷子、竹籤或織針，小心從豆漿中挑起豆皮，在蒸煮容器上瀝乾幾秒，再將筷子架在深鍋口上，讓豆皮瀝乾冷卻四至五分鐘。

3 抽走筷子，並將豆皮排放於小盤子上，可以立刻當作開胃小菜，用少許日式醬油調味食用，也可以留下於正餐時與其他豆皮一起食用。

4 繼續每七分鐘就挑起豆皮，直到蒸煮容器中的所有豆漿都蒸發，只剩一層厚厚的紅色薄膜留在盤底。這最後一層豆皮這就是「甜豆皮」（見第256頁），一種真正的美食，請小心地用抹刀刮起來，與其他豆皮一起排放好。將所有軟碎屑放進一個碗內，並如同食用新鮮熱豆皮那般，與豆皮一起食用。

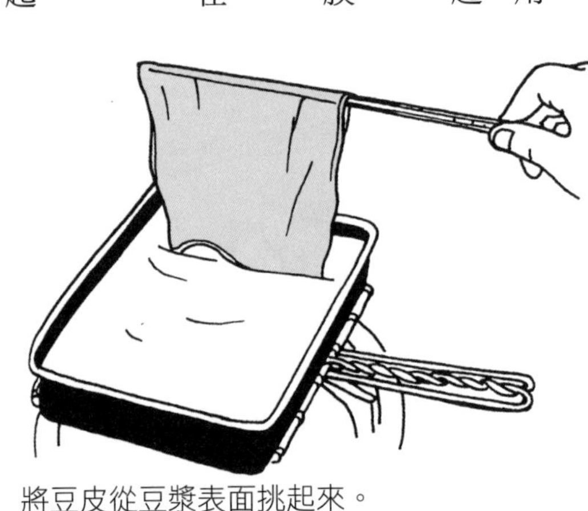

將豆皮從豆漿表面挑起來。

## 百變豆皮

***半成形豆皮（汲み上げ湯葉）**：大約每四至五分鐘便以指尖從冒著熱氣的豆漿表面上將豆皮挑起來。就在豆皮正要附著在容器的邊上之前將它取出，將豆皮直接放在小杯子裡並立刻食用。

**＊大片新鮮豆皮：**自製新鮮豆皮，在挑起豆皮時，將濕潤的筷子或竹籤沿著豆皮的一邊插入，使豆皮片像旗子般懸掛在筷子上；讓豆皮瀝乾約十五至二十分鐘直到它不再濕潤後，小心地取出筷子，將豆皮片平放在乾燥的砧板上。這種豆皮可以用在需要大片新鮮豆皮的食譜，如果要製作更大片的豆皮，可使用三十．五╳三十八公分的淺盤。

**＊新鮮小豆皮卷：**豆皮放在筷子上瀝乾四至五分鐘後，放在砧板上，然後捲成圓柱形，再切成二．五公分長，用於需要使用小豆皮卷的烹調中。

**＊乾燥豆皮：**製作豆皮片或豆皮卷，讓豆皮片在筷子上晾乾，放在有孔的籃子裡。置於溫暖又乾爽的地方——例如開飲機上或低溫的烤箱裡十至二十小時，直到變乾燥酥脆，可以裝在密封袋裡，然後放在陰涼的地方保存，直到要使用。

# 處理乾燥豆皮

乾燥豆皮非常容易碎開，烹調前一般會先用水或日式高湯稍微泡一下，直到變軟且容易彎曲。大部分時候，是在盛盤前才將豆皮加入菜餚裡頭，並且避免燉煮超過一分鐘，這樣才能避免豆皮散開並失去它精緻的美好風味。

當你要將一塊用水泡開的乾燥豆皮加入一道菜裡時，要注意它十分容易吸收大量的液體，因此請務必確定有使用足夠的高湯或水來彌補它先前失去的水分，用水泡開的乾豆皮可以取代新鮮豆皮使用於料理當中。

**＊乾燥豆皮卷：**將豆皮卷在一碗水裡沾一下，或是放在一個盤子或竹篩上並灑上少許水，將擦巾弄濕，並將豆皮卷排放在一半的布巾上，並將另一半巾布折蓋在豆皮上，靜置五至十分鐘即可。

**＊乾燥豆皮片：**將豆皮片放在一碗水裡沾一下，接著放在砧板上捲起來並切成四公分長，置於水中浸泡五至十分鐘即可。

CHAPTER 15

# 中國、臺灣和韓國的豆腐

豆腐在兩千多年前起源於中國，如今已是近十三億人口（註：二〇二三年為十四億多）最喜愛的基本食物之一。四百五十克的中式木棉豆腐只需八分錢——是日本一般豆腐價格的三分之一，中式木棉豆腐在多數中國人的生活中扮演著重要的營養角色。而在臺灣，據說平均一個臺灣人每年要吃掉二十九公斤多的豆腐。

## 中式豆腐

要聊中式豆腐，有太多可以談的了，從豆腐種類到各式豆腐料理，不只種類繁多，而且還足夠獨特。中國的每個省份，都有其特有的豆腐種類與名稱——就算是相同種類的豆腐，在不同的省份也會冠上不同的名字及發音。

數量激增的豆腐名稱，再加上存在於中國的許多種方言，以及中文翻譯成英文的困難，造成這些不同類型的豆腐在食譜以及當代文獻裡經常以不同的名稱出現，有時甚至會被冠上矛盾的名稱。大體來說，英文的「Tofu」這個名詞，一般用來泛指所有種類的日式或中式豆腐。中國普通話的豆腐讀作「doufu」，第一個音節像是英文「doe」和「toe」的混合，廣東話的豆腐讀作「dowfu」，第一個音節讀起來像英文「道瓊」（Dow Jones）指數的「道」（dow）。

目前，全美有許多優良的中式豆腐店，生產幾種日式豆腐和獨特的中式豆腐產品，例如中式木棉豆腐、豆腐乾、五香豆乾、白色的豆腐乳和油豆腐。雖然中國與臺灣的豆腐種類比日本多，但有一些在日本很普遍的種類（例如烤豆腐、乾燥凍豆腐、油豆腐塊、日式豆腐餅和絹豆腐），在中國與臺灣卻很少見，甚至並不存在。中國南方省份產有最多種的豆腐產品，這可能是因為人們需要在亞熱帶氣候的環境中防止豆腐變壞。

## 三種豆腐

一般中式豆腐可根據水分含量及其質地，分成三種基本類型：中式木棉豆腐跟日式烤豆腐差不多結實；豆腐乾則更為結實；至於中式絹豆腐，通常比日式絹豆腐更加柔嫩，無法切割成塊狀。

### 中式木棉豆腐

中式木棉豆腐，即西方所謂的中式硬豆腐（Chinese-style firm tofu），是中國最普遍的豆腐種類，雖然其質地較結實且水分較少，但跟日式普通豆腐非常類似。

在需要擠壓過的日式豆腐食譜中或煎炒的菜餚裡加入中式木棉豆腐，一定會得到讓你滿意的成果，而且還可以省卻擠壓豆腐的時間（用二百七十克的中式木棉豆腐取代三百六十克的日式一般豆腐）。

不論是在中國的鄉村小道上運送或在劇烈的翻炒過程中，結實的中式木棉豆腐都能保有其形狀。在廣東及臺灣等亞熱帶地區裡，中式木棉豆腐的低水分含量，可幫助豆腐在不冷藏或不添加防腐劑之下保持新鮮好幾天，因此，中式木棉豆腐特別適合熱帶或亞熱帶地區，例如印度、非洲和南美洲。

流傳至日本的豆腐當中，最早的就是中式木棉豆腐，並在那時變成大家所知的豆腐，我們仍然可以在日本農家豆腐中發現到它的近親——就像它的中國祖先一樣結實，而且可以用繩子綁起，並用一手提吊起來（見第60頁）。在菲律賓，這種中式豆腐則變成了人們所知的「tokwa」，在印尼則是「tahu」。

中式木棉豆腐通常是用鹽鹵加硫酸鈣的混合物來凝固，而且就像農家豆腐一樣，它在從成形盒取出後通常不會浸泡在水中，因此有一種濃郁微甜的風味。日式豆腐用大而深的成形盒製作，然後切成三百六十克的塊狀，由豆腐師傅在店裡或街坊一塊塊販售；中式木棉豆腐則製成二，五公斤重的「扁平物」——約三十公分平方、四公分厚，每片扁平物切成十六個方塊，每個方塊重約一百三十克，邊長約七公分左右、厚四公分。

小販從豆腐師傅那兒買下全部的豆腐，堆放在木製貨板上以方便運輸，然後運送到市場或在路邊販售，他們通常會根據每位客人的需求，將豆腐切成一塊塊的方塊。

多數中式木棉豆腐都很結實，但有一種較不普遍的種類可在中國和臺灣某些地方看到，水分含量與日本普通豆腐相近。如今在西方，新鮮中式木棉豆腐在華人市場、天然食品及一些超市裡都買得到，通常浸泡在水中，用塑膠桶密封起來販售。

豆腐小販在市場切割中式木棉豆腐。

**豆腐乾（豆乾）**

最結實的中式豆腐「豆腐乾」，含有22%的蛋白質，且僅有62%的水分。你可以在家裡利用第158頁中「再成形」的處理方法，將日式豆腐製成豆腐乾。

「乾」的意思是「乾燥」或「含有的水分很少」，在製作豆腐乾的過程中，結實的凝乳會被裝在鋪著布的托盤裡，或是整批用布包起來，多層疊在一起，並經由一個大型的手動式螺桿壓榨機擠壓，直到乳清和水都儘可能地被排出來。

所完成的豆腐乾帶有嚼勁，具備肉類一般的口感，就像是煙燻火腿、香腸或硬起司，這是由於使用了鹽鹵或鹽鹵加硫酸鈣的混合物作為凝固劑，因而增加了豆腐的堅硬度。

一般的豆腐乾是製作成一塊塊的方塊來銷售，每塊邊約七．五公分、厚二公分；許多豆腐乾是以「白色且帶有微甜風味的原貌」在販售，有些則在水與焦糖、糖漿、薑黃或茶的混合湯汁裡燉煮，以產生各種不同的顏色與風味，並有助於進一步保存。因此，有些豆腐乾是巧克力般的深棕色，有些則是艷麗的橙黃色，後者印有朱紅色的中國字，是用來當家裡祭壇的供品。

豆腐乾通常會切成條狀、細絲或小丁，用來與蔬菜拌炒、加入勾芡的中式醬汁、湯品、與沙拉中的新鮮（或煮過的）蔬菜及堅果一起醃滷，或者是切成細片，像冷盤的肉類一樣食用。其結實的質感及高蛋白質含量，讓它成為砂鍋及早餐蛋料理等西方料理中一種絕佳的肉類替代品。

路邊的豆腐小販。

1 **五香豆乾**：這種豆腐乾是將正方形豆腐乾放在醬油、油和調味料的混合湯汁中燉煮而成，使用的調味料因製造者及省份不同而有所差異，包括大茴香、大蒜、切碎的青蔥、肉桂、丁香、薄荷和月桂葉，或是其他沒有英文同義字的許多香料。「五香豆乾」字面上的意思是「五種香味的豆乾」，表示通常使用了五種或五種以上混合的香料或調味料。五香豆乾的顏色從淺色到深色都有，質地和風味都很類似煙燻火腿。

在舊金山地區，每日都會有新鮮製好的五香豆乾以「Flavored Bean Cake」的英文名稱在販賣。五香豆乾通常被切成薄片當成開胃小菜，並搭配飲料食用，有時候可淋上淋醬作為稀飯的配菜，或是與花生和麻油沙拉醬一起加入沙拉中。

2 **醬油豆乾**：在中國和臺灣，大多數的市場和豆腐店都有販售醬油豆乾，但它在西方並不普遍。這些四公分平方的豆乾被擠壓至一公分厚，並在醬油與水的混合湯汁中燉煮，直到變成咖啡色。有些熟食店會將豆乾（整個或切丁）放在雞肉或豬肉高湯中燉煮，並用醬油和紅辣椒調味。另有一種作法，是先燉煮醬油豆乾後再煙燻過，並當成開胃小菜食用——就像煙燻火腿一樣，或用來當成米飯料理的調味料。

3 **百頁**（千張）：這或許是最獨特的豆腐乾種類。「百頁」從字面上的意思來看，指的就是「一百頁」或「一百片葉子」，在西方的中式食譜中，有時候會被稱為「Tofu sheet」或「Tofu wrapper」。它看

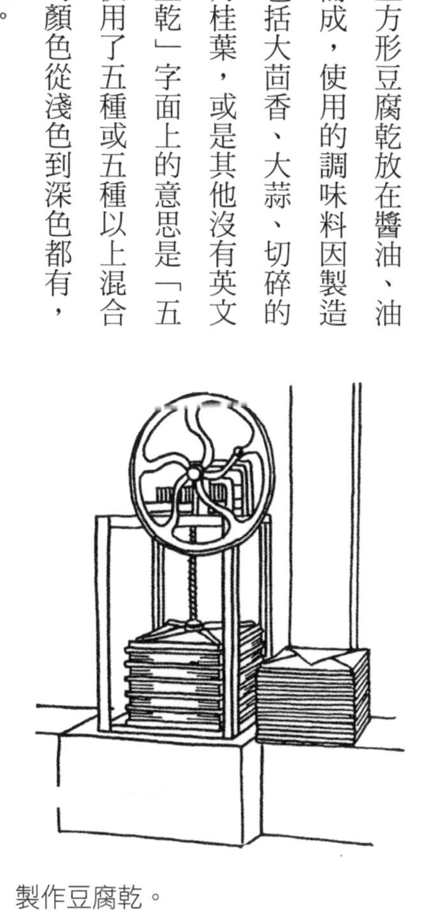

製作豆腐乾。

起來就像是十五至三十公分平方的油畫布，兩面壓印有像布料般的圖案，並且每片都有柔軟而韌性的質感。

百頁的作法是將薄薄的一層結實凝乳舀至木架上，連續堆疊約一百片，輪流交替的布塊和凝乳會被重物擠壓數小時之久。多數百頁是在露天市場中販賣，通常可以用來包裹蒸煮或油炸的食品，就像餛飩、春捲或蛋卷皮。百頁豆腐皮與中式豆皮相當類似，在許多用法上也相同，所以有時候叫法也一樣。切成非常細條的百頁被稱為豆腐絲或干絲；而切成一．三公分寬，然後打成一個簡單的反手結的則叫做百頁結，它們常被加入湯、鍋料理或火鍋中，也可以與蔬菜一起燉煮或拌炒。

百頁也可以緊緊地捲成圓筒狀，用布包起來綁好，放入水中燉煮至柔軟，但它攤開時仍保持其形狀。在華人市場裡當素雞或素火腿賣的結實豆腐，可以代替肉捲放在甜醬油汁（見第190頁）裡燉煮或與蔬菜一起拌炒，有時則放在模子中幾天，然後用麻油來油炸，讓它有種近似炸雞的風味，當中有一種素雞，是先將百頁用蘇打水泡軟，然後把每片百頁滾上麻油再將數張百頁放入模子中擠壓，然後再蒸過，最後，「雞肉」被切成四公分厚一片，並油炸至酥脆金黃。第三種素雞是用擠壓過的新鮮豆皮以用類似方法製成。

4 **豆腐干**：豆腐干是將一般豆腐乾方塊用鹽搓過後，再用稻桿綁起來而製成。就像日本農家所製作的長野的脫水凍豆腐一樣，它會在陽光下被吊起來，直

素雞。

各種百頁（千張）。

到完全乾燥。與六條豆腐非常類似的豆腐干，呈現深深的咖啡色，質地非常類似結實的乾起司，一般會將它刨或切成如紙一般的薄片，並使用於湯中——取代柴魚片加入高湯中或搭配飲料當開胃小菜。雖然它的中文發音和豆腐乾一模一樣，但卻不是同一個字，「干」的意思是完全乾燥。

**水豆腐（中式絹豆腐）**

水豆腐在中國或臺灣，並不像絹豆腐在日本那樣普遍，這種產品的質地非常柔軟，因為它是由稀釋豆漿製成，並被保存於水中。遠東地區有兩種水豆腐，都是用硫酸鈣來凝固：

1 第一種的作法很像日式絹豆腐，並且是成塊出售，比一般日式豆腐稍軟一點。

2 第二種水豆腐較為普遍，是在一個大壺裡凝結成形（註：這種水豆腐並沒有舀到成型盒裡加壓），但過於柔軟的質地使它無法成塊出售，所以它是像布丁一樣用湯匙舀入客人們所帶來的碗中，只要淋上一些醬油或糖，便可用湯匙直接舀來食用，也可以加入湯或精緻的煎炒菜餚裡。

相對於木棉豆腐和豆腐乾這兩種「老豆腐」，這兩種水豆腐都被稱為「嫩豆腐」；「老」是指豆腐缺乏柔軟度和彈性。中式絹豆腐時常被歸類為石膏豆腐，與大多數用鹽鹵來凝固的傳統木棉豆腐形成對比。

**溫熱的豆漿凝乳**

這道佳餚在中國或臺灣很受歡迎，凝乳在這些國家的養生之道和料理上所扮演的角色比在日本更重要。

**豆腐腦**

這種食品吃起來像是更水嫩的絹豆腐，其中文名稱的字義是「豆腐的腦袋」，當被舀入碗裡時，溫熱的凝乳常令中國人想起與它們同名的東西。豆腐腦大多是被中國南方及臺灣的人們所食用，英文通常用「Tofu Pudding」或「Fresh Soybean Pudding」來稱呼，目前已經可以在西方買到。

在中國，豆腐腦是在專門的店裡製好，每天早上由人用扁擔將木製的桶子挑在肩上或用一臺手推車沿街叫賣。

在某些地區，小販們會在破曉時分出現叫賣，而客人們會圍著推車坐在凳子上，等著享受豐富而便宜的早餐。小販將一勺勺如布丁般的凝乳舀入深碗裡，淋上含有花生和紅糖、如蜜糖般的溫熱紅湯，再附上瓷湯匙，放在當成桌子用的推車邊上。

在某些地區，人們會將豆腐腦與榨菜、蝦米、醬油及少許麻油混合，當作濃湯食用，或是將豆腐腦與橄欖油、醋、細肉末或香料混合。

大多數的豆腐腦是由特殊的豆漿店製作，在很旺的爐火上以一個大壺來煮豆漿，並讓豆漿在裡面凝固。旺盛的柴火給凝乳一種稍帶堅果味的芳香，若用鹽鹵凝固，凝乳會有特別柔嫩的質感，甚至比優格還細緻；若用硫酸鈣或天然石膏，它們便會有如同日式絹豆腐般的質地。

販賣豆腐腦。

**豆腐花**

這種凝乳之所以叫豆腐花，是因為凝乳的外觀與打進熱湯裡的蛋花有點像。雖然大部分的豆腐花與日式凝乳完全相同，但是某些地區的豆腐花作法是：將滑順的凝乳用小火燉煮，讓它們有更紮實的質感。

## 油炸豆腐

在中國和臺灣，油炸豆腐並不像在日本那麼容易買到，而且中式豆腐店的油炸技藝也未若日本豆腐店精緻，部分原因可能是許多中國廚師及家庭主婦多半都是在自己家裡油炸豆腐，以便趁熱、豆腐還酥脆時立即享用。

所有的中式油炸豆腐都叫油豆腐或炸豆腐，最普遍的中式三角油豆腐塊，是將凝乳用一個加了重物的槓桿擠壓，然後將完成的豆腐切成四公分厚，每邊四公分的三角塊，並放入一個非常熱的油鍋裡油炸而成。

另外一種目前在西方也買得到且相當受歡迎的種類是「中空油豆腐包（hollow agé cube）」，是由油炸時會膨脹起來的二．五公分中式木棉豆腐塊所製成，可以用來填入肉或蔬菜，常被加入勾芡醬汁或湯裡頭。

炸豆腐或炸豆腐球有時會用竹子的纖維串成一環來賣，中國勞工食用時會搭配糖漿，是一種受歡迎的午餐零食。有些豆腐店會將整塊中式木棉豆腐的兩面，切成互相交叉的圖案，再輕拉兩邊區端展開成網狀來油炸，

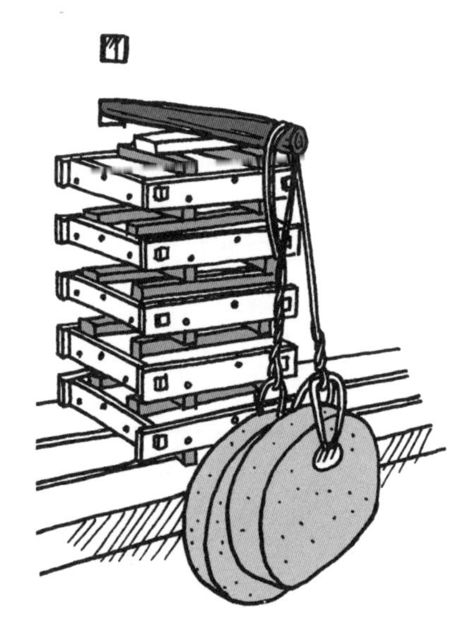

用加了重物的槓捍擠壓凝乳。

油炸三角豆腐塊。

串起來的炸豆腐球。

網子般的油炸豆腐。

這種油炸豆腐通常會放入高湯或醬汁中燉煮（註：可能是蘭花干）——這種結構有助於炸豆腐吸收味道，相當具吸引力。

中式豆腐店既沒有製作油豆腐泡，也沒有在製作日式豆腐餅——「先以中油溫再用高油溫讓豆腐膨脹」的技巧尚未發展出來。還有一種朴老豆腐，是日式油豆腐塊與烤豆腐的混種：將切成細薄片的中式木棉豆腐油炸到呈黃褐色。

## 凍豆腐（冰豆腐）

古代中國就有將木棉豆腐放在外面的積雪裡隔夜所製成的豆腐，與日本傳統鄉下地方所製作的一夜凍豆腐（見第237頁）完全一樣。

至於高野豆腐（見第238頁）這種日本新創作品，則是到最近才開始在中國生產，但尚未在中式烹調中扮演一個重要角色，它是裝在紙盒中當乾燥豆腐販賣。

## 豆腐乳

在中國所製作的豆腐中，最有特色的豆腐種類當屬豆腐乳，它有著許多不同的形式，並且不像日本所製作的任何東西，也非西方人所熟悉的任何一種食物。

英文稱豆腐乳為中國起司（Chinese cheese）、豆腐起司（tofu 或 bean curd cheese）、黃豆起司（soybean chees）或醃漬豆腐（preserved 或 pickled beancurd），普通話稱作豆腐乳、腐乳或乳腐，廣東話讀作「fuyu」或「funan」，而在上海以及多數科學文獻裡，則讀作「sufu」或「dou-sufu」。乳腐字義為「長了霉的牛奶」，但多數中國人根本完全沒聽過「長了霉的牛奶」這種東西。

### 中國的起司

豆腐乳有一種柔軟近乎奶油般的黏稠度、強烈的風味，以及令人聯想到卡門伯特起司的香味，大都用切碎的紅辣椒調味，味道相當強烈且辛辣，少量使用就能發揮很大的功用。

常被作為佐料和調味料的豆腐乳，不是由街坊豆腐店所製作販賣，而是在特殊的中式醬菜店製作販賣。傳統上，許多家庭及農家也會自製豆腐乳，在鹵水裡發酵和防腐的過程，讓這種豆腐可以保存一至二年，即使在亞熱帶氣候也沒問題，而其低廉的成本，則讓它特別受到中下階層人們歡迎。

就像起司、葡萄酒、味噌、醬油和其他發酵食品一樣，豆腐乳擺愈久，其味道、香味及口感便會變得更好。當黴酵素分解並消化豆腐中的蛋白質時，豆腐強烈的味道會變柔和，而且質地會從硬變軟——完全熟成的豆腐乳真的是「入口即化」。

經過六至八個月的熟成後，豆腐的顏色會從乳白色轉變成柔和的淡褐色，含有酒和鹽的鹵水也會變得更濃郁芳醇。利用黴菌來使之熟成的豆腐乳，是唯一按照西方起司作法製成的傳統黃豆產品。雖然人們認為要將豆漿製成類似牛乳製成的起司應該很容易，可是即使在西方現代的實驗室裡，許多的實驗其實都一再地遭遇失敗。

不同於起司，豆腐乳在熟成時是浸沒在含有酒精的鹵水裡，而且通常是將仍泡在鹵水中的豆腐乳用五百毫升的瓶子或罐頭裝好後販賣。製作時，在二至三公分的中式木棉豆腐或硬豆腐小方塊中，植入毛黴種類的黴孢子，然後置於一個溫暖的地方醞釀約三至七天，直到每個小塊上都布滿了厚厚一層芳香的白色菌絲。

長了黴菌的豆腐小塊，通常會被浸泡在含有中式米酒及紅辣椒或其他香料和調味料的鹵水中，熟成一至二個月。之後，瓶裝好的豆腐乳被運送至市場，在那兒，通常還會讓豆腐乳在販售之前再熟成二至四個月。據說，當瓶子躺著被快速轉動而裡面的豆腐乳仍靜止不動時，就代表豆腐乳已完全熟成，可以拿來食用了。

在中國，最受歡迎的豆腐乳食用方法，是將豆腐乳當作稀飯的調味料、白飯的開胃小菜或前菜、拌炒菜餚或放入燉汁中增加風味，而鹵水也可以用於這些料理當中。而在西式烹調裡，豆腐乳可以像卡門伯特起司或洛克福起司般，用於沾醬、抹醬、沙拉醬和砂鍋中，都非常美味。

豆腐乳。

豆腐乳的「腐」意思是「腐敗」，「乳」這個字的意思則是「乳汁」。這些字有個特殊且非常重要的詞源：雖然中國在西元以前即是高度發展的文明國家，但卻從未發展出乳品農業的技術或因此製作起司。而他們北方的鄰居──蒙古人──雖被中國人視為未開化的野蠻人，卻很擅長製作精緻的羊乳酪，這種羊乳酪就被中國人稱作「腐乳」。

幾世紀後，中國人可能在蒙古人的某些幫助或靈感啟發下，學會用黃豆製作自己的發酵起司，於是，用來貶低蒙古起司的名字，便漸漸被用來稱呼他們自己的豆腐起司，直到今日。

因此，有些時髦的中國人或日本人──尤其是那些經營高檔餐廳的人──會將豆腐、中式木棉豆腐和豆腐乳的「腐」字改成「富」，雖然讀音都是「fu」，但意思則是富裕、豐富或充足的。

**四種發酵豆腐**

根據記載，豆腐乳最初是中國在十五世紀（或者更早）時製造出來的，這種技術後來從中國流傳到越南（那兒現在有製作一種類似的食物叫「chao」）以及東印度（那兒有種叫「tao tuan」的東西）。菲律賓也有種叫「tahuri」的發酵豆腐，是將大塊（十×十×六．五公分）且長了黴的結實豆腐，與大量的鹽一起裝在罐子裡製成，過程中不放用酒也不放滷水，經過幾個月的熟成後，豆腐便變成黃褐色並帶有獨特的鹹味。

中式發酵豆腐共有四種基本類型：白豆腐乳、紅豆腐乳、臭豆腐（在酒糟中發酵的豆腐）和醬豆腐（在醬料或醬油中發酵的豆腐），每一種豆腐所使用的滷水，都是許多中國料理中非常受歡迎的材料，尤其是用於沾醬中。

豆腐乳汁常含有許多不同的香料和碎紅辣椒，讓它成為一種能夠增加料理風味的佐料。

1 **白豆腐乳**：在中國大部分地區以及西方世界，這是最受歡迎的發酵豆腐，除非特別標榜不同於紅豆腐乳，否則這種豆腐通常就只叫做豆腐乳。只要改變鹵水中酒和鹽的比例或加入不同組合的香料及調味料，便可以調整豆腐的味道、顏色及香味。最常見的鹵水裡頭含有10％的酒精和12％的鹽，有些只含少量或不含酒精，有些則含有兩倍多的酒精和鹽。臺灣及中國的市場和超市裡，至少販售有五種白豆腐乳，最受歡迎的是辣豆腐乳、辣椒腐乳或辣腐乳，在西方稱為「Fermented Bean Curd」，它含有部分的碎紅辣椒，讓味道又辣又刺激，同時也發揮天然防腐劑的功用。若將麻油加入發酵豆腐裡，則成了麻油辣豆腐乳。有些較溫和且特別美味的豆腐乳，是由一種只含米酒、鹽、水，偶爾加上少量的麻油所製成的，其他調味料包括大茴香、肉桂、檸檬汁、切絲的檸檬皮、小蝦米和火腿丁。用五種調味料調味發酵製成的叫「五香腐乳」，還有一種叫做「蝦子腐乳」的豆腐乳，則是將豆腐用鹵水浸泡後弄乾，然後放在紙盒裡販賣。

2 **紅豆腐乳（南乳）**：它的製作方法基本上與白豆腐乳一樣，只是鹵水中多加了紅糟，使豆腐呈現深紅色、濃稠，並且有股特殊的香味。紅豆腐乳的鹵水，是以醬油來代替米酒，此外，這種鹵水可能還含有碎辣椒。西方目前可以買到的紅豆腐乳，是連同紅色醬汁一起裝在一個一百一十五至一百七十克的小罐子裡，上面標示著「Red Bean Curd」。另外有一種很受歡迎的豆腐乳，則是玫瑰紅豆腐乳（玫瑰紅南乳），是用看上去很像番茄醬的鹵水和少量的玫瑰香料、焦糖和糖調味而成的。製作豆腐乳時所用的調味料，會讓添加了紅豆腐乳的每道菜都有一種特殊的芳香，人們相當喜歡將紅豆腐乳加入辣醬裡，並與鍋料理、肉類、新鮮（甚至活跳跳）的蝦子一起食用的。

3 **臭豆腐**：這是將新鮮或長了黴的豆腐放在米酒和酒麴糟裡熟成所製作的食品，有種猛烈的酒味及氣味。綠色的臭豆腐在臺灣是一種非常受到歡迎的食品，是將擠壓過的豆腐方片放在一個含有酒麴糟、腐葉和綠毛黴的缸裡頭熟成而成——通常會在家或市場製作。先讓豆腐發酵十二個小時或以上，然後攤販才將它拿到街上叫賣。雖然許多臺灣人或中國人也不喜歡臭豆腐的強烈氣味、滑溜質感、不尋常的顏色，以及吃完口氣會變得很糟，但是其愛好者卻聲稱：一旦嚐過這種獨特的食物，就會永遠覺得臭豆腐是人間美味。

4 **醬豆腐**：醬豆腐是用結實的豆腐小方塊與中式醬料或醬油醃漬幾天而成，它呈現淡紅棕色且具有鹹味。有時候，在醃漬豆腐前，會先稍微瀝乾並利用黴使之發酵，酒麴糟偶爾會與醬料混合，這種豆腐擁有與日式 Finger Lickin 牌味噌幾乎一樣的甜味。醬豆腐汁是將醃漬好的豆腐與醃漬的鹵水混合後磨碎，直到滑順為止，通常用來當中式羊肉或牛肉菜館的佐料。

## 中式豆漿

早在西元以前，中式豆漿（豆腐漿、豆奶或豆乳）就是中國幼兒、兒童和成人重要的蛋白質來源，在人們日常生活的營養攝取上，一直扮演著重要角色——勝過豆漿在日本的重要性。人們時常以豆漿作為熱呼呼的早餐湯品或溫熱的甜味飲品，每早都會看到人們帶著大容器到當地豆腐店，購買家人一日所需的豆漿。

不同於日本人只喝拿來製作絹豆腐所用的濃豆漿，中國人喝的是製作一般豆腐的豆漿，比較稀。這主要是因為，中式豆腐店裡既沒有製作濃豆漿，也沒有在製作日式絹豆腐。有許多小店及大型工廠只專門生產豆漿，而且大多鄰近街道邊的早餐店或簡餐店，從清早到夜晚都會供應它們的特製豆漿，以搭配油條和燒餅食用，使豆漿成為點心或簡餐的主要部分。

在某些城市，路上的小販會將豆漿用瓶子裝起來販賣。

## 豆皮（豆腐皮）

跟日本比起來，豆皮在中國和臺灣更為普遍且便宜，臺灣各地有上百家的豆皮店，在中國可能有上千家，它在人們日常生活的營養攝取上，以及餐廳烹調中扮演著重要角色。

在西方中式食譜書當中，豆皮稱為「bean curd skin」或「bean curd sheet」，普通話讀作豆腐皮、豆皮或豆腐衣。在任何公眾市場裡，尤其是許多城市老區的市場，會有許多專門店舖和攤販只賣豆皮製成的各式產品，例如在臺灣兩大城市——臺北和臺中，我們就看到三十五種以上的生、乾燥或先煮過的豆皮在販售。

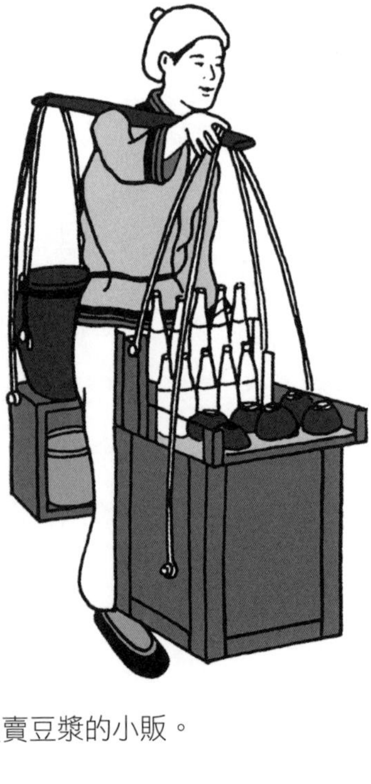

販賣豆漿的小販。

### 巧奪天工

豆皮在中國與日本的用法上最明顯的差異之一，在於中國人為了讓豆皮有酷似肉類的外觀，所展現的卓越手藝及創意，試著想像你正經過吸引人的餐廳或豆皮店的展示櫃，看到許多去毛母雞、公雞和鴨子、淡褐色的魚、多汁的火腿、豬肚、肝和肉卷、掛成一排的肥美香腸、炸雞腿漂亮地排放在一個大盤子裡，以及與實物一般大小的豬頭——這些全都是豆皮做的！

大部分仿肉菜餚是將生豆皮用一個有鏈的模子（木或鋁製）壓製，再將塞好的模子放入蒸籠，直到豆皮的形狀固定為止。有時候，成品會經過油炸，或是放入調味好的醬油汁裡燉煮。

專門料理素菜的素食餐廳裡面，每種豆皮菜餚都有熟悉的名字：素雞、素魚、素鴨、素肚或素肝、素豬頭和素火腿。素腸是將豆皮、洋菜和紅糟混合後灌進素的腸衣裡；素雞腿是將生豆皮捲成一個甜筒狀，裡面填滿碎香菇後油炸；素鴨是將生豆皮片擠壓在一起，然後撕成寬十五至二十公分的不規則片，最後再油炸。這些菜餚都可作為精巧的冷盤，在高級餐廳或家庭宴會上食用，偶爾也會整塊加入湯或鍋料理中，或者切片油炸後食用。

豆皮製成的仿肉食品。

## 豆皮的種類

豆皮在中國和臺灣是意想不到的便宜，多數生豆皮便宜到四百五十克只要二毛七，品質較好的生豆皮的四百五十克大約要四毛（註：這是作者成書當時的價格）；乾燥的豆皮含有53%的蛋白質，每四百五十克的價錢跟生豆皮差不多。在日本，同樣的豆皮，大約是十五倍的價錢！因此，在中國和臺灣，豆皮幾乎每個人都買得起的，而在日本，豆皮則是自古時就多半是貴族才有機會享用。中式豆皮都是大量地賣給寺廟、佛教徒、素食者和重視營養均衡的人。

1 **生豆皮**：在臺灣和中國，豆皮約有九成都是現作現賣，而日本販售的豆皮則多是乾燥的。新鮮豆皮呈片狀，有些則是圓片或半圓片，因為豆皮通常是用一個直徑四十公分的大蒸鍋所製成。有些豆皮片薄得近乎透明，而一些按重量販賣的則像棉布一般厚。有些人會將整個或切成片的豆皮折成許多不同的形狀和大小，做成豆皮卷或豆皮泡，再用甜醬油汁（見第190頁）燉煮、油炸、蒸煮或煙燻。長豆皮卷通常用一根線或稻桿綁起，以免在油炸時散開，另外，有種特別美味的豆皮卷是包著紅糟、酒糟、糯米和切碎的醃菜，用一片海苔包起來後再油炸或煙燻。至於豆皮泡，通常是包著竹筍丁、蘑菇丁或其他蔬菜。生豆皮片也常與百頁一起包在布裡，用麻繩綁成一綑再利用蒸或水煮來使之成形，這樣就可以做成不同的形狀，布包素雞便是利用這種方法製成，販售時可用布或海苔包著，或是用甜醬油汁或調味高湯燉煮過。羅漢帽是將切丁的香菇與豆皮混合後，用布包起來蒸煮而成。

2 **乾豆皮**：許多臺灣和香港所販賣的乾豆皮，是由世界上最現代化的工廠，使用天然方法製成優質、價格低廉且可保存半年之久的產品。主要販賣的乾豆皮是原味豆皮片，不是圓形，就是長方形，一綑五百七十克，甜豆皮、油炸豆皮以及油炸豆皮卷也有在賣。大多數的中國人稱油炸豆皮卷為腐竹，因為U字形的豆皮卷顏色和樣子，看起來與一對幼嫩竹筍很類似，現在在西方的中式市場中也買得到。

豆皮蒸鍋。

豆皮菊花是最精緻且最具裝飾性的豆皮種類之一，作法是將生豆皮折起來並扭轉成大約直徑十公分、高十公分的立體螺旋物，然後沿著豆皮的周邊切出許多頸似菊花瓣條的狹長切口，等花瓣乾了以後，塗上紅、黃、綠色等天然食用色素再油炸，可作為湯品和鍋料理的食材來使用。最有名的乾豆皮製品之一是素火腿的變化種類，其作法是將碎乾豆皮與生薑根泥、醬油和切丁或磨碎的紅蘿蔔一起煎炒，然後將溫熱的炒料壓進一個長方形的模子中，待冷卻即可切成薄片享用。當開胃小菜食用的素火腿，就像火腿一樣多汁且美味。

## 中國菜中的豆腐和豆皮

美食家很早就認為中國料理是全世界最精緻的料理之一，其中，豆腐和豆皮都是評價極高的食物，是各省份主要料理流派中缺一不可的角色。

在中國的美食重鎮廣東，豆腐可以用來創造出清淡、微妙的風味及口感，成為廣東料理特色。在上海，豆腐則被放入醬油、高湯、大茴香及其他調味料的濃郁湯汁中來紅燒，以產生出香濃醇厚的風味。在北京宮廷菜中，結實的豆腐通常作為拌炒菜餚，或是加入許多味道成鮮明對比的濃厚醬汁——如糖醋醬或酸辣醬中，是一種受歡迎的食材。在四川和臺灣，味道溫和的細緻豆腐，很適合配上花椒及辛香料，作出香辣刺激的菜餚。此外，豆腐還是湖南著名火鍋料理及福建特殊的紅湯中相當受歡迎的食材。

豆腐也廣泛地用於宮廷菜式中，它並不是指某一地區的烹調方式，而是指烹飪水準達到適合皇帝和宮廷臣子食用的料理，因此，用任何地區的烹調方式料理成的精緻豆腐菜餚皆可賦予宮廷菜的頭銜，並不需要是北平菜或北方菜。

豆腐在日本數千家中華料理店裡也很受歡迎，其中尤以麻婆豆腐與蠔油豆腐為最。在美國的許多中式餐廳裡（主要是粵菜餐廳），豆腐可烹調成傳統菜色，亦可改良成西式及你所期望的口味。幾乎全世界各地的中餐廳的菜單上都有豆腐（bean curd）這個項目，其中至少有五種豆腐菜餚，通常會多達十至十五種。豆腐也出現在湯、火鍋、砂鍋、蔬菜、肉類及海鮮中，甚至是開胃小菜和甜點裡。在許多中式熟食店裡，也有販賣如蠔油豆腐以及滷豆腐乾等現成菜餚。

## 中式濃郁日清爽

在日本，主要的豆腐菜餚完全不含肉類，豆腐本身就非常美味了，可是在中國，尤其是在餐廳裡，豆腐通常與海鮮或肉類一起烹調，甚至用來模擬它們，這是因為多數的中式豆腐都有像火腿或煙燻臘腸般的結實質地，很適合當肉類的替代品，這是較柔軟精緻的日式豆腐所比不上的。

許多中式食譜和餐廳裡，超過四分之三的豆腐菜餚含有蝦子、魚、豬、雞或牛肉，很容易產生「肉類是中國人日常飲食的一部分」的印象。然而事實上，大部分的中國人——包括民國前的貴族們，傳統上一直很少食用肉類。中國人的營養均衡概念，已經成為營養學家及醫生極度感興趣的事情，凡是想要遠離「肉類為主之飲食方式」的西方人，都應該以此為資料及靈感來源。對多數中國農夫、工人和上班族而言，有飯、豆腐、高麗菜、豐盛的湯，或許再加上豆漿，便是一般日常家庭飯菜的縮影。這裡的許多家庭就像日本一樣，早晚兩餐都可以食用豆腐：早餐時，它搭配稀飯，午餐和晚餐時則最常出現在拌抄的菜餚、醬汁、湯和蒸煮的料理中。在這樣有95%的蛋白質來自蔬菜的飲食裡，豆腐扮演著「田野之肉」的角色，而且由於多數中國人不食用牛奶或其他乳製品，因此，用硫酸鈣凝固的豆腐和豆漿也成為鈣質的基本來源。

日本人喜愛豆腐本身的輕爽簡單風味，通常會讓豆腐作為一道菜的主角，而中國人則常將豆腐當作是在深褐色勾芡醬汁中增加份量的食材，這些醬汁一般以肉類、雞肉或蠔油為主，並用大量的麻油調味而製成。許多紅燒醬汁（尤其是用於川菜或臺菜的）麻、辛且香辣，而餐廳裡的醬汁時常含有少量的肉類、雞肉或海鮮，再加入像是荸薺、竹筍、金針、豆芽、木耳、大白菜和髮菜這樣的奇特美味食材，便可增添爽脆的口感；有時候，這些濃郁的豆腐醬汁會淋在麵或炒飯上食用，這種是在日本從未體驗過的。

經過幾千年時間，為了配合一般中式廚房裡的獨特器具和烹飪技巧（尤其是油炸），中式豆腐也因而受到改良。在準備烹調時，中國廚師或家庭主婦會在超大型黑色火爐旁一個大又重的砧板上，用一把像剃刀般鋒利的切肉刀，把豆腐和蔬菜切碎（這個火爐就像一個熔鐵爐或高爐，上面放置有三或四種不同大小的炒菜鍋），十六個開蓋的碗或壺整齊排放在火爐旁的一張長桌上，裡頭分別裝著常使用的油、醬汁或調味料。

當所有材料混合好、炒菜鍋也被火焰包圍時，將油舀入鍋中，熱油剎那間發出嘶嘶和爆裂之聲，火苗愈來愈旺。把豆腐和蔬菜加入鍋中攪拌，以敏捷且絲毫不差的精準時間拿捏來翻動著——沒有任何一塊豆腐會碎掉。接著用一個大鐵勺，分別從每個壺或碗裡舀出紅辣椒油、醬料、鹽和碎生薑根，無論是要混合使用或只用其中幾種，都只用眼睛目測份量便能將豆腐調味至完美境界。最後加入半勺的水，與炒菜鍋裡的所有食材一起在空中拋個三、四、五次（註：甩鍋、翻鍋），在那瞬間，炒菜鍋從烈焰裡被解救出來，炒好的豆腐和蔬菜移至一個講究的淺盤裡，而豆腐結實的質地使它在劇烈的烹調過程中仍維持其形狀。

## 葷肉代替品

在某些日子，中國一般家庭的三餐裡會完全不含肉類或魚肉。自古以來，許多中國人——尤其是正統佛教徒——會在農曆每個月初一和十五日不吃葷肉，而在悶熱的六月，也就是夏天最熱的時候，許多人也不喝酒、不吃蛋或烹調過的食物，讓廚師和消化系統都好好休息一下（這可能與古老基督教四旬齋時禁食或吃得簡單些的作法類似）。此時，使用豆腐和豆皮製成的仿肉食品，便會在日常的家庭飲食或宴會裡大量出現，它們都有著精緻肉卷、新鮮禽肉或魚肉甚至海鮮類的外觀。在吃素的日子裡，有一道受歡迎的主菜是「羅漢齋」，裡面有油豆腐、百頁加上八種陸上和海中的蔬菜，是一大份的燉菜或燴湯，據說它的風味會愈放愈好，甚至可以放長達一週之久。此外，豆腐也在喪禮及追悼儀式上的大型餐會中扮演著重要角色，因為這樣的餐會通常是不允許有肉類和蛋的。

在不吃肉類的日子，中國和臺灣各地的素食餐廳都塞滿了人，信徒、一般家庭，以及剃了頭、戴著念珠和穿著灰色長袈裟的比丘和比丘尼，享受著「烤火腿」、「烤鴨」或「雞胸肉」的豪華大餐。豆腐、豆皮和麵麩（麵筋）是其中絕對不可少的食物，它們出現在菜單裡一半以上的菜餚中。

在我們拜訪過的每間臺灣素菜餐廳裡，寬大的場地都是鬧哄哄地忙亂著：裸露的霓虹燈、油布大桌、罐頭食品和白色的石灰牆所產生的氣氛，與日本美好的禪寺料理店形成了強烈的對比——在日本的禪寺料理店，客人們在以岩石、沙子、水流、竹子和樹木造景的庭園裡用餐，而每道供應給客人的菜餚皆帶有優美的純樸感及精巧感。中國的寺廟也有供應豆腐給客人與訪客，但是許多寺廟都非常貧困，就連僧人都只有偶爾才能品嚐到豆腐。

在中國大部分的地方和多數食用豆腐的場合裡，也會看到豆皮。大部分的中式餐廳（包含在西方的）通常會供應十至十五種到含有豆皮的菜餚，任何一種豆皮都可以與蔬菜煎炒或燉煮、淋上勾芡醬汁，或是加入湯、鍋料理中。

## 中式豆腐店

在多數的中式豆腐店裡，豆汁是被放在一個切開的圓桶裡，利用燒煤炭的鍋爐所產生的蒸汽來烹煮，然後，豆汁便流入架在凝乳桶上一個鋪好了布的錐形器中，讓其濾進凝乳桶裡成為豆漿，隨後用硫酸鈣和鹽鹵的混合物將之凝固。使用這種簡單、成本低廉的設備，就可以連續生產大批的豆腐（每批間隔約十七分鐘左右），而完成後的產品，可以用日式豆腐的三分之一低價來販售。

雖然這種豆腐缺乏傳統日式豆腐的某些微妙風味，而且工作時間較為倉促，卻是非常適合開發中國家使用的絕佳辦法之一。

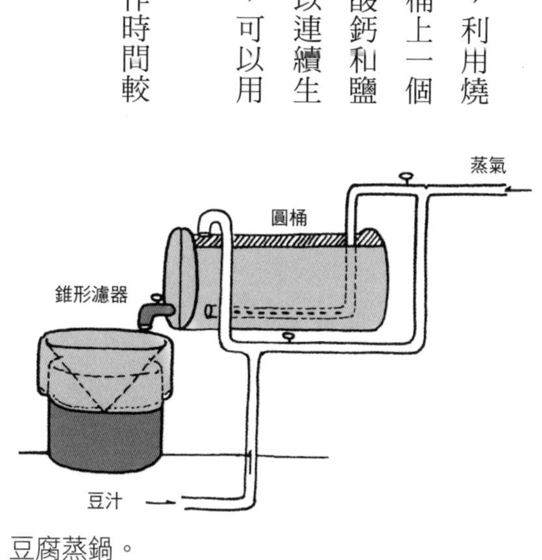

豆腐蒸鍋。

## 韓式豆腐

雖然豆腐在韓國烹飪裡是一種重要的民生必需品，但它的角色卻沒有像在中國、臺灣或日本那樣重要。大體而言，韓國人所食用的豆腐量大約是日本人的三分之一。

韓式豆腐是由韓國全國各地約超過一千間的豆腐店所製作，其中有一百五十家在首都漢城（首爾）。韓國多數的豆腐店都是使用明火加熱式的鐵鍋，並以硫酸鈣作凝固劑。許多農家自今仍會自行在家製作大量豆腐——尤其是在節慶的時候。

一般的韓式豆腐比日式豆腐稍微結實些，但又沒有像中式木棉豆腐那樣結實。韓國的露天市場裡到處都

有販賣豆腐，店家和攤販向豆腐店購買一層層用可回收木製盒子裝著的豆腐，每個箱子二十五・五╳三十三公分，高五公分，小販將豆腐放置在木托盤上，然後切成三百六十至四百八十克的塊狀，두부（tudu）是唯一的傳統韓式豆腐種類。

在被日本占領期間，韓國人發明了許多種油炸豆腐。例如油豆腐條是條狀的油炸豆腐，大約十八╳二・五╳二公分大小，用塑膠袋密封起來販賣，它完全不像任何一種日式或中式豆腐。此外還有「福袋」，韓國的福袋跟日本的很類似，但販賣的種類有大有小，最小的是六・五公分平方，中型的則是十一・五╳六・五公分，而最大的則是二十一・五╳七・五公分，每種都可以打開來裝入許多不同的餡料，許多都拿來製作豆皮壽司或束袋。豆腐渣、豆漿、凝乳和黃豆原粒，皆被廣泛地運用在各種韓式料理中，但華人市場裡常見的豆腐乳卻不見於其中，而日式的絹豆腐、烤豆腐、豆漿和豆皮則幾乎沒在韓國看到過。

韓國料理偏辛辣，豆腐的角色是用來緩和紅辣椒和其他強烈的調味料風味，並增添湯、燉菜和煎炒蔬菜的份量和蛋白質。最有名的韓式豆腐料理是豆腐鍋，這是一道味道刺激的料理，裡面有豆腐塊、牛肉薄片和貝類，並用紅和青辣椒、紅辣椒粉、韓式味噌醬和醬油調味，然後用鐵製小鍋子盛著，放在木頭淺盤上趁著滾燙時食用。如果把味噌當作最主要的調味料並搭配米飯食用，這道菜就變成了另一道名菜——「大醬鍋配白飯」套餐。若用泡菜來調味，就成了泡菜鍋，而當裡面含有較多的高湯和較少的鹽時，則叫做豆腐湯。

豆腐也可以用油煎至金黃色，再與蔬菜一起煮五至十分鐘，即成為一般家庭最愛的「韓式家常豆腐」，而與黃豆芽一起煎炒就變成了「韓式豆芽豆腐」

特·別·收·錄

# 拜訪日本豆腐料理百年老店

我們之所以特別整理這一章節，目的有三：其一，為了讓西方讀者了解豆腐在東亞傳統料理中的重要角色，及其所擁有的良好聲譽；其二，若有西方人打算開間豆腐料理店或在經營的餐館加入豆腐菜色，這裡能為他們提供一些啟發性的建議；最後，則是作為在日本居住或旅遊、並想嘗試豆腐料理美食人士的指南。

## 笹乃雪

有些日本精緻料理的老店，在豆腐料理界享有非常好的聲譽，如果你請一個日本人推薦你，到哪兒可以品嚐到最美味的豆腐料理時，大部分人的答案大概都會是笹乃雪。

笹乃雪創始於一七〇三年，並且由一個家族經營了好幾代，它以無與倫比的鹽鹵絹豆腐、平民化價格的各式豆腐料理，以及親切的用餐氣氛聞名全日本。餐廳的招牌幕簾是以流暢的書法寫成，十分醒目的掛在入口處，當你低身進入傳統日式玄關時，會有兩位門侍在門口誠摯地歡迎你。在你踏上平滑光亮的厚長木板之後，他們會將你的鞋子收好。他們寬鬆卻合身、類似半披衫的藍色上衣，則帶給你更濃厚的古日本之風。

笹乃雪的特色或許就在於，在這的每位客人，無論是貴族、工人、鄉下老奶奶或學生，都能感受到賓至如歸的舒適感和誠摯的歡迎，就像跟同輩朋友們一起去的日式茶屋，笹乃雪的魅力是種精緻卻平易的純樸。

**笹乃雪 二〇二四最新資訊**

創業至今已有三百二十多年歷史的笹乃雪，一度因餐廳搬遷預定加上新冠肺炎之影響，自二〇二一年閉店，二〇二四年八月才重新營業。

地址：東京都台東区根岸2－5－12

官網：http://www.sasanoyuki.com/

## 中村樓（中村楼）

以歷史悠久著稱的中村樓，據說是目前全日本最老的日本料理店——它在四百年前開始營業，原本是一間給前往京都祇園區八坂神社參拜的旅人、香客和鎮民提供茶水的茶屋，數百年下來，慢慢發展成一間料理店，並因「祇園豆腐」而聞名。

在中村樓的店門口，會有一名穿著和服並梳著費

切田樂豆腐。

功夫髮型的女子跪在矮木桌前，以傳說般快速並帶著斷音的節奏將豆腐塊切成片，三味線演奏者則伴隨著刀子的節奏來演奏，以此取悅客人們。每小塊豆腐都用竹籤串起，抹上味噌在炭火上燒烤，趁滾燙時呈給客人食用，這就是田樂豆腐（見第134頁）的做法。

漸漸地，中村樓朝氣蓬勃的氣氛及美味可口的豆腐成了詩歌的題材，而其寬敞的花園更不分季節地吸引了許多作家、詩人與其他名人前來。

在七個與這著名古老花園鄰接的房間裡，總料理長和他的工作人員除了供應價格適中的豆腐料理午餐，也提供昂貴但精美細緻的茶道膳食，並以宴會料理的形式呈現，其中許多菜餚都以豆腐為主。中村樓原本的茶屋則保留了古日本的魅力和親切的溫暖，在房間的一角有個石製烤架，田樂豆腐就是在這兒燒烤而成。

忙碌地製作田樂豆腐。

中村樓。

兩個有著精緻木蓋、曲線優雅柔和的茶壺，被靜置在房間中間凸起的石頭火爐上，溫熱的甘酒在壺裡煨煮著。在房間的另一角，有個以古老手工雕刻的吊桶，以滑輪懸掛在室內水井上方的天花板上。

**中村樓 二〇二四最新資訊**
地址：京都府東山区祇園町八坂神社鳥居内
官網：http://www.nakamurarou.com/

## 奧丹

奧丹也是一家古老又有名的豆腐店，是有三百多年歷史的老店。

奧丹原本是一家位於京都南禪寺大廣場裡的茶屋（見第137頁），後來開始提供禪式料理及湯豆腐，以服務從日本各地來到這座著名寺廟的香客、參拜者、遊客。至今，它仍保留著禪式精神的寧靜沉穩氣氛。幾百年來，散步在京都歷史上著名的林蔭大道「哲學之道」上，肚子餓了的學生、政治家、詩人及美食家們，都會走進奧丹樸實的前門裡，坐下來享受一份輕食。

現在，許多日本人一想到南禪寺，還是會同時聯想到湯豆腐和禪

奧丹的花園。

道。在奧丹，午餐及晚餐可以在室內的茶屋式房間內享用，也可以在室外曲折的大池子旁、綠樹花草中凸起的榻榻米席上用餐：夏天時，蔭蔽的花園很涼爽，充滿著上千隻蟬震天假響的鳴叫聲，冬天時，樹葉稀疏，唯一聽得到的聲音，就是桌上炭火盆上的陶鍋裡，湯豆腐冒泡的噗噗聲。

**奧丹 二〇二四最新資訊**

地址：京都市東山区清水3丁目340番地

官網：http://www.tofuokutan.info/

## 蛸長

就像絹豆腐之於笹乃雪、田樂豆腐之於中村樓、湯豆腐之於奧丹那般，許多日本歷史悠久的古老高級料理店，都會有一道特別的招牌料理，並且其烹調方法都是絕對機密，而蛸長這個京都最有名的關東煮老店當然也不例外。

蛸長於一八八八年開始營業，因其美味可口的高湯而聞名，此高湯是讓關東煮如此美味的主要原因。傳了好幾代的老店祕方，使店裡每個舒適的房間都充滿了一股香氣，也讓經過的人駐足並忍不住進來看看到底在煮什麼。超過十五種以上的關東煮食材（包括五種豆腐），在木質吧檯後發亮的銅鍋中燉煮著，優雅昏暗的燈光及白色的水泥牆，醞釀出古英格蘭小旅館中可以找到的那種怡然自得的氣氛。

**蛸長 二〇二四最新資訊**
地址：京都府京都市東山区宮川筋 1-237
官網：http://blog.livedoor.jp/tacocho/

## 精進、茶道料理餐廳

豆腐是日本兩大美味高級料理的主要食材之一：茶道料理（懷石料理）和禪寺料理（精進料理）。常被稱為佛陀齋食料理的精進料理，是在十三世紀開始於日本興盛起來，它是僧院寺廟僧侶將自己所烹調的豆腐料理介紹給一般信徒的重要媒介之一。

精進料理餐廳很快地在日本各大城市中的主要寺院裡開業起來，並引領發展出許多聞名全國的料理，現在，日本許多最有名的豆腐料理餐廳，都是位在寺廟裡或其附近。京都最大的寺廟之一大德寺裡，就有一間知名的精進料理店——泉仙，它有著引人入勝的庭院氣氛、八種以上不同的豆腐選擇以及合理的價格，因而廣受歡迎。而在京都附近嵐山一帶香火鼎盛的禪寺——天龍寺裡，周圍約有八家豆腐料理專門店，至於京都東邊的南禪寺附近，至少也有這麼多間的豆腐料理店。

**泉仙 二〇二四最新資訊**
地址：京都市北区紫野大徳寺町4大慈院内（大慈院店）

官網：https://kyoto-izusen.com/

精進料理被認為是簡單之美的最高藝術表現，幾乎包含了所有刻劃出日本料理之最的各種烹調基本原則。而豐富的蛋白質含量、低廉的價格和多變的花樣，使得豆腐成為精進齋膳的基礎食材。

懷石料理原為禪寺料理的分支之一，在十六世紀時由茶道宗師千利休將之提升至藝術的層次。雖然起初這個流派的美食家重視的是優雅簡樸的生活，但懷石料理卻是日本現在最精緻、最昂貴的料理之一，而豆腐通常會在此料理的菜單中占有一半以上的位置。

儘管價格不菲，但一份全套的懷石料理，可以提供難以忘懷的日本文化及豆腐料理精髓之入門，也是一種讓精神為之一振的美學體驗，能鮮活我們的思維，並豐富我們的心靈。負擔不起的人，可以到位於京都的錦，它們提供改良過的懷石料理，且其價位一般人都能接受。

**錦 二〇二四最新資訊**

地址：京都府京都市右京区嵯峨嵐山中ノ島公園内

官網：https://www.arashiyama-nishiki.com/

與懷石料理和精進料理密切相關的是普茶料理，這是一種在中國寺廟發展出來的禪寺料理，此外還有山菜料理，是擷取山裡各季節的新鮮野菜所烹調的傳統料理。

西元一六六一年，中國一位偉大禪師隱元來到日本，他創建了萬福寺，並在傳播黃檗宗的禪學思想時，順道將普茶料理和中式豆腐乾傳入了日本。黃檗料理流的總本家是在迷人的白雲庵，就在萬福寺旁，那裡仍供應中式豆腐乾以及許多不同種類的豆腐料理。

**白雲庵 二〇二四最新資訊**

地址：萬福寺門前（萬福寺地址：京都府宇治市五ケ庄三番割34）

官網：https://www.hakuunan.com/index.html

山菜料理店通常都在鄉下地區，供應超過三十種以上不同的美味山菜及豆腐料理，許多山菜料理店就位於寺廟裡，反映出禪式料理最真實的精神。

## 蓮月茶屋（蓮月茶や）

在許多日本豆腐料理店裡，餐具就像料理一樣重要，季節感的自然美除了反映在食材中，也彌漫於餐具上。依偎在京都東山腳下的蓮月茶屋，是由許多獨立式膳房所組成，這些房間都可通往一個由一棵八百年老樹遮蔭著的美麗庭院。

店裡的玄關上高掛著一塊木板，斑駁的表面上寫著古樸的兩個漢字「蓮月」。夜晚時分，每個房間似乎都充滿著溫暖的金色燈光，同樣的溫暖光芒也從靠近入口的巨大石製燈籠的紙窗流洩出來。

在宜人的夏夜裡，蓮月茶屋變成了涼爽的港灣，雪松木製的汲水勺子，靜置在湧出大量清水的石頭水池出水口邊，邀請客人飲用並洗淨雙手。庭院裡嫩綠的竹子和天然的平石上，保持著濕潤的狀態並偶爾閃爍著水珠。沿著庭園的一邊，有一條細小的溪流從燈心草和藤叢中鑽了出來，流過光滑的大理石塊兩邊，這塊巨大的石塊曾經是豆腐店內的重要工具，現在則是用來當踏板，橫跨在小溪上的平石間，引領人們從入口到房間，客人在進去之前就是在這兒脫鞋子。

**蓮月茶屋 二〇二四最新資訊**
地址：京都府京都市東山区神宮道知恩院北入ル
官網：https://rengetudyaya.gorp.jp/

## 田樂屋（田楽屋）

鎌倉一帶的餐廳如田樂屋，氣氛就完整的保留在一間不超過三．六平方公尺的房間裡。烏黑的卵石地板中間，是一個巨大的開放式火爐，除了離地板有幾公尺高外，它和鄉下農家看到的地爐非常類似。四根厚實的木頭構成火爐的四邊，並同時用來作為客人的桌子，讓客人們可以沿著火爐，坐在鋪有稻桿編織之坐墊的矮凳上。加了些黑沙的長方形火爐裡，閃耀著細微炭火，數個木盤中堆放著排列整齊的烤豆腐、兩種炸豆腐以及許多蔬菜，古董陶碗裡則裝著三種甜醬味噌。

女侍會依客人喜愛，將豆腐用三十公分長的竹籤串起，再把客人所選的味噌用木抹刀塗在豆腐上，並把竹籤底部堅固地插在沙中，如此一來，豆腐或蔬菜就可以離火很近地被燒烤。偶爾她會取下鐵壺幫客人倒茶水，這個鐵壺是用一條沿著天花板垂掛而下的鐵鉤，懸掛在爐火旁邊，而發出嘶嘶聲的田樂豆腐，不僅可口美味，也使人感到溫暖。

**田樂屋二〇二四最新資訊**
地址：神奈川県鎌倉市小町1丁目6－5

## 嵯峨野

如果你有機會到西京都的嵯峨野餐廳，首先，你會被引導進入一間隱密的房間，這個房間面向一個既寬大又精心修剪的翠綠苔蘚庭園，園裡鑲嵌著幾簇巨石，背面倚著一片高聳的竹子林。至於房間裡，則裝飾著奇特的木板畫、陶製清酒瓶及日式古董琵琶。

每個房間的女侍都穿著手工絣染而成的靛藍色碎白點花紋布和服；一條鮮艷的紅色帶子——襷——斜繫在女侍的兩肩上，並在其胸前交叉來綁住衣服的袖口，以方便她工作；腰帶緊緊地綁著她的腰，而日式白襪——足袋——則讓她的腳看起來輕盈又清爽。

首先，她會端上一大杯茶，然後呈上筷子，並放在一個小珊瑚色的筷子架上，接下來她會遞上毛巾，讓每位客人將手及臉部擦乾淨。夏天的時候，她會將冷豆腐放在鋪滿冰塊的自製竹簍盛上，並附上裝在小碟裡的各種新鮮及鮮豔的裝飾小菜。而「擬製豆腐」（註：讀作「ぎせいとうふ」，是把豆腐弄碎後再加蔬菜、雞蛋等配料拌勻後蒸熟的）則是一種豆腐甜點，盛在正方形的手工陶瓷中，並用一截楓樹的小樹枝作為裝飾。

**嵯峨野 二〇二四最新資訊**

地址：京都府京都市右京区嵯峨天竜寺芒ノ馬場町45

官網：https://kyoto-sagano.jp/access

## 五右衛門（五右ㄛ門）

走過一條兩旁站著透著燭光的石燈籠的漫長小徑，就能進入位於東京鬧區地段的五右衛門豆腐料理店。這座餐廳的庭園四周是一條小溪，彷佛是東京都市叢林中一座令人意想不到的美麗寧靜綠洲。小溪的源頭，是一座從前豆腐店所使用的巨大汽鍋，水被一根竹筒引進並溢了出來，才形成了這條小溪。

風鈴的聲音迴盪在寬敞的房間，在冬天，客人坐在附有炭火爐的矮桌前，爐裡的炭火熊熊燃燒著，女侍會在爐火上放置一個陶鍋，並招呼客人隨意加入他們所喜愛的幾種豆腐，以及其他小心翼翼切好並排列在大淺盤中的食材。

豆腐和豆皮可以用許多不同的做法來烹飪，並以精緻的份量來搭配主菜一起品嚐。夏天時，冷豆腐會被盛放在美觀的漆器盒中，豆腐旁鋪滿了冰塊，並附上一小片西瓜。還有用半截新鮮竹子所盛裝著的瀧川豆腐條，就像曲折洞流裡的漩渦一般，圍繞著一顆豔紅櫻桃。

**五右衛門 二〇二四最新資訊**

已閉店。

## 久吾（ひさご）

大多數的豆腐料理店，都活生生應證了豆腐千變萬化的特殊多樣性，在東京的久吾餐廳裡，一年四季總共提供了超過兩百種以上的豆腐料理，其中至少有八十五種以上是不分季節都可以品嚐到的。其中許多豆腐料理的烹調靈感，是來自一套約在兩百年前所寫的豆腐料理書——《豆腐百珍》，這套包括上下兩卷的書，彙集了旅遊餐飲指南和食譜書的優點，向日本人介紹不同省份約兩百三十種的豆腐料理。據說著名的文學家谷崎潤一郎曾經親自烹調過第一卷裡記載的每樣豆腐料理，總共有一百道。久吾的創立者福澤女士，曾經鑽研過傳統的素食料理，繼而發展出許多她目前曾受歡迎的豆腐料理。

**久吾 二〇二四最新資訊**

久吾最初於一九六四年在新宿開幕，是一間豆腐料理專門店，由於身為豆腐

迷的福澤女士有在修茶道，所以後來在神奈川開了「久吾亭豆腐懷石（ひさご亭とうふ懷石）」餐廳。久吾亭豆腐懷石已於二〇一七年閉店。

## 極品美食與服務

在西京都鄉下稻田旁、巢林寺裡的巢林庵，總共有十五道經典菜餚，其中的招牌食材是自製豆皮；同樣的，笹乃雪的十二道餐點中，有幾道可以外帶的菜餚，其主要材料就是絹豆腐。

**巢林庵 二〇二四最新資訊**
餐廳本店：京都府京都市西京区上桂東ノ口町165
官網：https://www.sourinan.com/information/

在許多禪寺料理店裡，一年四季中有超過一半以上的料理都會使用豆腐，在日本最有名的精進料理書當中，有超過一半以上的食譜使用到豆腐，而且更多會使用到豆皮。許多寺廟料理店的氣氛，是一種完完全全的簡樸，整齊的榻榻米房間和獨特的畫卷、花卉，耙鬆的沙地庭園被一個個露出地面的石塊切劃開來，煙香（或許還會加上竹笛樂聲）間歇地飄來，幫助我們聆聽寂靜，而樸實的豆腐似乎與這氣氛完美的搭配著。

在多數的豆腐料理店裡，菜單會隨著季節變化而不斷調整，這被廚師們視為挑戰，以期能讓常客體會到多樣化的愉快感。寒冬裡，一碗白味噌湯裡的一塊高野豆腐，能令你聯想到寺廟被雪覆蓋的景象；在春天，冷豆腐上會放著取自花園裡樹上的一節樹芽來裝飾。在最精緻的日本料理中，會把合適的食物在正確的季節以正確的餐具呈現出來──事實上，日本的豆腐食譜是按四季而不是食物的種類來編排。豆腐的適應性和多變性，使得它在一整年裡頭，都可以用來烹調出無數的季節性美食。

在前述的這些餐廳裡，料理的裝盤、上菜的方式，以及招呼客人的用心，全都是非常受到重視的。日本人認為，一道菜餚不僅要滿足味覺，也要能賞心悅目，因此廚師在刀功上花了很多心思，以便為各種食材增添特色。漸漸地，一套由許多道小菜組成的精緻膳食開始出現，每一道菜餚都盛裝在獨具特色的容器裡再端上桌──小心翼翼烹調完成並費心細緻裝盤的每道菜，本身就是一件藝術品，其顏色、形狀和口感都細膩地與味道平衡著。

食材之間會相互增添美味，廚師致力於提升食材與生俱來的天然風味並使其甦醒過來，因此，日式烹調可說是一種精細感及敏銳度的實踐，運用恰如其分以及忠於原味的作法，讓每一種食材展現出最佳的味道。

一般人可能會認為，在上述的餐廳用餐的費用一定相當昂貴，事實上，豆腐本身非常便宜，因此，多數餐廳的豆腐料理價格還算合理，尤其是它們都有很高的附加價值，包括總是伴隨著精緻美食的美麗餐具、殷勤的款待和高雅的服務等。

這些餐廳的豆腐大多是向附近的豆腐店批發來的，他們時常要想盡法子取得這些使用鹽鹵並按傳統古法製成的豆腐，舉例來說，西京都嵐山的許多高級豆腐料理店，都位在「嵯峨豆腐森嘉」附近，並以森嘉豆腐的精緻口味來建立起名聲。

笹乃雪是我們唯一知道自己製作豆腐的餐廳，餐廳老闆奧村多吉先生（註：第九代店主，也是笹乃雪習慣稱

「豆腐」作「豆富」的發起人，二〇二一年閉店時已是第十一代店主），本身就是製作豆腐的師傅，他在還是一個小男孩時就從前任豆腐師傅——他的父親——那兒學到了製作豆腐的方法。身為一個餐廳老板和豆腐鑑賞家，他堅信豆腐本身的風味是豆腐料理必要的基本條件，除非豆腐本身帶有天然的甜味及香味，否則就算是由手藝最優秀的廚師來烹調，仍然無法稱得上是傳統和式料理的一道菜餚。因此，奧村多吉先生堅持使用鹽鹵及最高級的國產黃豆，並且每天都在位於餐廳地下室的工房中製作新鮮豆腐。

除了專屬於各餐廳的招牌豆腐料理之外，還有其他更多常見的豆腐料理，如壽喜燒、味噌湯、紅燒菜、冷豆腐和湯豆腐。在日本，每一家中華料理店中都會有一區專門負責豆腐料理，而且大多數的蕎麥麵店都會在各式麵食裡頭加入炸豆腐；在很多專門賣豆皮壽司專門店及大部分壽司店裡，油豆腐泡都是不可或缺的主要材料之一，還有小吃店、酒吧以及冬天路邊攤賣的關東煮，都可以看到各種不同種類的豆腐。

日本最奇異也最野蠻的一道豆腐料理叫做柳川鍋（柳川なべ），傳統的柳川鍋是將幾條活跳跳的小泥鰍放入一個大砂鍋中，其中放有冷水及一塊豆腐，然後放到桌上用的爐子上，在每個用餐者前慢慢將水燒開，這些泥鰍會瘋狂地鑽入柔軟的冷豆腐中躲避高溫，但當他們一鑽進去，就被煮熟了。

在日本許多天然飲食餐廳的菜單上，豆腐是主要項目之一，特別強調用的是鹽鹵豆腐，並且日式與西式料理方式都有：豆腐沙拉、湯、蛋料理、醬料、三明治以及漢堡，都很適合放在許多天然飲食以及西方餐廳菜的單上。

附・錄

# 食譜單位說明

本書各種豆腐作法的食譜單位換算如下表。

不過要注意的是，各國量杯有些微妙差異。如果你想要精準一點，由於本書為英譯書，若無特別說明，請以西式標準量杯來理解實際的總毫升數：

- 西方標準量杯：一杯為二百四十毫升（但本書作者的說明是二百三十六毫升）
- 日式量杯：一杯為二百毫升
- 家常用量米杯＝一百八十毫升

至於其他常見模糊單位，「少許」約八分之一茶匙、「適量」指份量依個人喜好。

| 1 湯匙（大匙） | ＝ 3 茶匙（小匙）＝ 14.75 毫升 |
|---|---|
| 1 杯（1 碗） | ＝ 236 毫升 =16 湯匙＝ 48 小匙 |
| （日本）1 升 | ＝ 10 合 =1800 毫升 |

三軒屋豆腐店
三軒屋